U0845975

第二次青藏高原综合科学考察研究丛书

西藏自治区
太阳能资源及开发潜力评价

申彦波 杜 军 主编

气象出版社
China Meteorological Press

内容简介

本书系中国气象局公共气象服务中心自2019年起“第二次青藏高原综合科学考察研究”之“清洁能源现状与远景评价专题”的阶段性成果，由从事太阳能资源研究和工作在青藏高原一线的科研人员共同编写。全书共6章，包括西藏自治区清洁能源发展趋势、数据资料及来源；精细化太阳能资源计算方法；西藏自治区太阳能资源精细化评估；影响西藏自治区太阳能利用的主要气象因素；西藏自治区太阳能资源和开发潜力评价结论；西藏自治区太阳能资源精细化图集。书中将1 km分辨率网格化的太阳能资源评估结果与第三次土地利用调查结果、西藏自治区太阳能资源利用和高海拔地形地貌特征相结合，首次给出全区不同海拔高度、各市(地区)不同太阳能资源条件下的光伏发电技术开发量和空间分布，提出西藏自治区光伏发电优先开发区，为西藏自治区太阳能开发利用高质量发展提供有力支撑，为有效提升全区清洁能源发展规划和科学布局奠定坚实基础。

本书数据翔实，充分反映了西藏自治区太阳能资源的精细化时空分布特征。本书可供可再生能源、气候、大气物理等专业的科研、教学等相关人员参考使用。

图书在版编目(CIP)数据

西藏自治区太阳能资源及开发潜力评价 / 申彦波，杜军主编. — 北京 ：气象出版社，2021.6
ISBN 978-7-5029-7469-5

Ⅰ.①西… Ⅱ.①申… ②杜… Ⅲ.①太阳能利用-资源潜力-资源评价-西藏 Ⅳ.①TK519

中国版本图书馆CIP数据核字(2021)第114991号

西藏自治区太阳能资源及开发潜力评价
Xizang Zizhiqu Taiyangneng Ziyuan ji Kaifa Qianli Pingjia

出版发行：气象出版社
地　　址：北京市海淀区中关村南大街46号　　**邮政编码**：100081
电　　话：010-68407112(总编室)　010-68408042(发行部)
网　　址：http://www.qxcbs.com　　**E-mail**：qxcbs@cma.gov.cn
责任编辑：张　斌　　**终　　审**：吴晓鹏
责任校对：张硕杰　　**责任技编**：赵相宁
封面设计：吴霞暖
印　　刷：北京地大彩印有限公司
开　　本：787 mm×1092 mm　1/16　　**印　　张**：8.5
字　　数：210千字
版　　次：2021年6月第1版　　**印　　次**：2021年6月第1次印刷
定　　价：98.00元

本书如存在文字不清、漏印以及缺页、倒页、脱页等，请与本社发行部联系调换。

“第二次青藏高原综合科学考察研究丛书”
指导委员会

主　任　孙鸿烈　中国科学院地理科学与资源研究所

副主任　陈宜瑜　国家自然科学基金委员会
　　　　秦大河　中国气象局

委　员　姚檀栋　中国科学院青藏高原研究所
　　　　安芷生　中国科学院地球环境研究所
　　　　程国栋　中国科学院西北生态环境资源研究院
　　　　李廷栋　中国地质科学院地质研究所
　　　　刘昌明　中国科学院地理科学与资源研究所
　　　　郑绵平　中国地质科学院盐湖与热水资源研究发展中心
　　　　吴国雄　中国科学院大气物理研究所
　　　　李文华　中国科学院地理科学与资源研究所
　　　　滕吉文　中国科学院地质与地球物理研究所
　　　　郑　度　中国科学院地理科学与资源研究所
　　　　石耀霖　中国科学院大学
　　　　钟大赉　中国科学院地质与地球物理研究所
　　　　张亚平　中国科学院
　　　　丁一汇　中国气象局国家气候中心
　　　　陶　澍　北京大学

郭华东　中国科学院空天信息创新研究院
焦念志　厦门大学
赖远明　中国科学院西北生态环境资源研究院
郭正堂　中国科学院地质与地球物理研究所
胡春宏　中国水利水电科学研究院
夏　军　武汉大学
陈大可　自然资源部第二海洋研究所
张人禾　复旦大学
侯增谦　国家自然科学基金委员会
邵明安　中国科学院水利部水土保持研究所
吴丰昌　中国环境科学研究院

“第二次青藏高原综合科学考察研究丛书”编辑委员会

主　编	姚檀栋				
副主编	徐祥德	欧阳志云	傅伯杰	施　鹏	陈发虎
	丁　林	吴福元	崔　鹏	葛全胜	
编　委	王　浩	王成善	吕达仁	多　吉	沈树忠
	张建云	张培震	陈德亮	高　锐	马耀明
	王　磊	王小丹	王宁练	王艳芬	车　静
	勾晓华	方小敏	邓　涛	石培礼	史培军
	白　玲	朴世龙	曲建升	朱立平	邬光剑
	刘　禹	刘卫东	刘屹岷	刘勇勤	安宝晟
	祁生文	许　倞	孙　航	赤来旺杰	严　庆
	李　新	李小雁	李加洪	杨永平	杨晓燕
	沈　吉	宋长青	张扬建	张知彬	张宪洲
	张镱锂	陈晓东	周　涛	周天军	封志明
	赵　平	赵千钧	赵新全	施建成	秦克章
	莫重明	徐柏青	黄建平	康世昌	蔡　榕
	樊　杰	潘保田			

《西藏自治区太阳能资源及开发潜力评价》编委会

主　编：申彦波　杜　军

副主编：马鹏飞　姚锦烽　杨海明

编　委（按姓氏拼音排序）：

曹润东　樊　静　高佳佳　胡玥明

李利秋　李巍巍　王传辉　王捷儒

乌日柴胡　叶　冬　袁亚男

丛书序一

青藏高原是地球上最年轻、海拔最高、面积最大的高原，西起帕米尔高原和兴都库什、东到横断山脉，北起昆仑山和祁连山、南至喜马拉雅山区，高原面海拔4500米上下，是地球上最独特的地质-地理单元，是开展地球演化、圈层相互作用及人地关系研究的天然实验室。

鉴于青藏高原区位的特殊性和重要性，新中国成立以来，在我国重大科技规划中，青藏高原持续被列为重点关注区域。《1956—1967年科学技术发展远景规划》《1963—1972年科学技术发展规划纲要》《1978—1985年全国科学技术发展规划纲要》等规划中都列入针对青藏高原的相关任务。1971年，周恩来总理主持召开全国科学技术工作会议，制订了基础研究八年科技发展规划（1972—1980年），青藏高原科学考察是五个核心内容之一，从而拉开了第一次大规模青藏高原综合科学考察研究的序幕。经过近20年的不懈努力，第一次青藏综合科考全面完成了250多万平方千米的考察，产出了近100部专著和论文集，成果荣获了1987年国家自然科学奖一等奖，在推动区域经济建设和社会发展、巩固国防边防和国家西部大开发战略的实施中发挥了不可替代的作用。

自第一次青藏综合科考开展以来的近50年，青藏高原自然与社会环境发生了重大变化，气候变暖幅度是同期全球平均值的两倍，青藏高原生态环境和水循环格局发生了显著变化，如冰川退缩、冻土退化、冰湖溃决、冰崩、草地退化、泥石流频发，严重影响了人类生存环境和经济社会的发展。青藏高原还是"一带一路"环境变化的核心驱动区，将对"一带一路"沿线20多个国家和30多亿人口的生存与发展带来影响。

2017年8月19日，第二次青藏高原综合科学考察研究启动，习近平总书记发来贺信，指出"青藏高原是世界屋脊、亚洲水塔，是地球第三极，是我国重要的生态安全屏障、战略资源储备基地，是中华民族特色文化的重要保护地"，要求第二次青藏高原综合科学考察研究要"聚焦水、生态、人类活动，着力解决青藏高原资源环境承载力、灾害风险、绿色发展途径等方面的问题，为守护好世界上最后一方净土、建设美丽的青藏高原作出新贡献，让青藏高原各族群众生活更加幸福安康"。习近平总书记的贺信传达了党中央对青藏高原可持续发展和建设国家生态保护屏障的战略方针。

第二次青藏综合科考将围绕青藏高原地球系统变化及其影响这一关键科学问题，开展西风-季风协同作用及其影响、亚洲水塔动态变化与影响、生态系统与生态安全、生态安全屏障功能与优化体系、生物多样性保护与可持续利用、人类活动与生存环境安全、高原生长与演化、资源能源现状与远景评估、地质环境与灾害、区域绿色发展途径等10大科学问题的研究，以服务国家战略需求和区域可持续发展。

“第二次青藏高原综合科学考察研究丛书”将系统展示科考成果，从多角度综合反映过去50年来青藏高原环境变化的过程、机制及其对人类社会的影响。相信第二次青藏综合科考将继续发扬老一辈科学家艰苦奋斗、团结奋进、勇攀高峰的精神，不忘初心，砥砺前行，为守护好世界上最后一方净土、建设美丽的青藏高原作出新的更大贡献！

孙鸿烈

第一次青藏科考队队长

丛书序二

青藏高原及其周边山地作为地球第三极矗立在北半球，同南极和北极一样既是全球变化的发动机，又是全球变化的放大器。2000年前人们就认识到青藏高原北缘昆仑山的重要性，公元18世纪人们就发现珠穆朗玛峰的存在，19世纪以来，人们对青藏高原的科考水平不断从一个高度推向另一个高度。随着人类远足能力的不断加强，逐梦三极的科考日益频繁。虽然青藏高原科考长期以来一直在通过不同的方式在不同的地区进行着，但对于整个青藏高原的综合科考迄今只有两次。第一次是20世纪70年代开始的第一次青藏科考。这次科考在地学与生物学等科学领域取得了一系列重大成果，奠定了青藏高原科学研究的基础，为推动社会发展、国防安全和西部大开发提供了重要科学依据。第二次是刚刚开始的第二次青藏科考。第二次青藏科考最初是从区域发展和国家需求层面提出来的，后来成为科学家的共同行动。中国科学院的A类先导专项率先支持启动了第二次青藏科考。刚刚启动的国家专项支持，使得第二次青藏科考有了广度和深度的提升。

习近平总书记高度关怀第二次青藏科考，在2017年8月19日第二次青藏科考启动之际，专门给科考队发来贺信，作出重要指示，以高屋建瓴的战略胸怀和俯瞰全球的国际视野，深刻阐述了青藏高原环境变化研究的重要性，要求第二次青藏科考队聚焦水、生态、人类活动，揭示青藏高原环境变化机理，为生态屏障优化和亚洲水塔安全、美丽青藏高原建设作出贡献。殷切期望广大科考人员发扬老一辈科学家艰苦奋斗、团结奋进、勇攀高峰的精神，为守护好世界上最后一方净土顽强拼搏。这充分体现了习近平总书记的生态文明建设理念和绿色发展思想，是第二次青藏科考的基本遵循。

第二次青藏科考的目标是阐明过去环境变化规律，预估未来变化与影响，服务区域经济社会高质量发展，引领国际青藏高原研究，促进全球生态环境保护。为此，第二次青藏科考组织了10大任务和60多个专题，在亚洲水塔区、喜马拉雅区、横断山高山峡谷区、祁连山-阿尔金区、天山-帕米尔区等5大综合考察研究区的19个关键区，开展综合科学考察研究，强化野外观测研究体系布局、科考数据集成、新技术融合和灾害预警体系建设，产出科学考察研究报告、国际科学前沿文章、服务国家需求评估和咨询报告、科学传播产品四大体系的科考成果。

两次青藏综合科考有其相同的地方。表现在两次科考都具有学科齐全的特点，两次科考都有全国不同部门科学家广泛参与，两次科考都是国家专项支持。两次青藏综合科考也有其不同的地方。第一，两次科考的目标不一样：第一次科考是以科学发现为目标；第二次科考是以摸清变化和影响为目标。第二，两次科考的基础不一样：第一次青藏科考时青藏高原交通整体落后、技术手段普遍缺乏；第二次青藏科考时青藏高原交通四通八达，新技术、新手段、新方法日新月异。第三，两次科考的理念不一样：第一次科考的理念是不同学科考察研究的平行推进；第二次科考的理念是实现多学科交叉与融合和地球系统多圈层作用考察研究新突破。

"第二次青藏高原综合科学考察研究丛书"是第二次青藏科考成果四大产出体系的重要组成部分，是系统阐述青藏高原环境变化过程与机理、评估环境变化影响、提出科学应对方案的综合文库。希望丛书的出版能全方位展示青藏高原科学考察研究的新成果和地球系统科学研究的新进展，能为推动青藏高原环境保护和可持续发展、推进国家生态文明建设、促进全球生态环境保护做出应有的贡献。

姚檀栋

姚檀栋

第二次青藏科考队队长

前　言

面对全球日益严峻的能源、环境和气候变化问题，开发利用新能源和可再生能源已成为世界各国保障能源安全、应对气候变化、实现可持续发展的共同选择。世界各国都把发展新能源和可再生能源作为抢占未来经济制高点的重要手段。习近平总书记在2020年第七十五届联合国大会一般性辩论的发言中指出，中国要力争于2030年前实现碳达峰、2060年前实现碳中和，并在随后的气候雄心峰会上进一步提出，到2030年，中国单位国内生产总值二氧化碳排放将比2005年下降65%以上，非化石能源占一次能源消费比重将达到25%左右，森林蓄积量将比2005年增加60亿 m^3，风电、太阳能发电总装机容量将达到12亿kW以上。根据国家能源局的统计，截至2020年年底，全国风电、光伏发电装机容量分别达到2.85亿kW和2.52亿kW，由此，未来10年我国新增风电、光伏发电装机容量将超过7亿kW，风能、太阳能开发利用将持续快速发展。

西藏是全球地面太阳辐射最强的区域之一，与撒哈拉沙漠、赤道等地相当，太阳能资源开发利用价值极高。但由于西藏地区海拔高，生态环境脆弱，施工条件差，且远离用电负荷中心，在当前技术条件下，适宜于建设大规模太阳能电站的地区较为有限。为此，我们基于地面观测、卫星遥感和第三次土地利用调查数据，对西藏地区的太阳能资源及其开发潜力进行科学、客观评价，以期为西藏自治区太阳能开发利用规划布局、光伏电站选址和设计等提供参考。

本书分为6章，主要内容如下：

第1章主要介绍了西藏自治区清洁能源发展趋势，本书所采用的术语和定义、数据资料及来源。

第2章主要介绍了精细化太阳能资源计算方法，包括水平面太阳能资源、倾斜面太阳能资源、光伏发电年利用小时数、太阳能资源理论总量、光伏发电技术开发量等的计算方法。

第3章主要对西藏自治区的太阳能资源进行精细化评估，包括等级评价、开发潜力计算和年际变化分析。

第4章主要分析影响西藏自治区太阳能利用的主要气象因素，包括影响地面太阳辐射的主要气象因素、影响太阳能利用效率的主要天气现象、影响太阳能设备安全的主要天气现象。

第5章是对西藏自治区太阳能资源评价的总结，以及对评价过程中相关计算方法、参数取值的讨论。

第6章以图集的形式给出西藏自治区太阳能资源各要素的精细化时空分布，包括日照、水平面太阳能资源、光伏发电太阳能资源。

"第二次青藏高原综合科学考察研究"之"清洁能源现状与远景评价专题"（2019QZKK0804）的开展，极大地推动了青藏高原地区风能、太阳能、水能、地热能的精细化评价工作，对摸清青藏高原清洁能源的开发潜力、空间分布、时间变化特征，促进国家清洁能源开发利用的科学规划和合理布局具有重要的实用价值和创新意义。

本书由中国气象局公共气象服务中心申彦波研究员和西藏高原大气环境科学研究所杜军正高级工程师共同牵头编制，中国气象局公共气象服务中心姚锦烽、西藏自治区气候中心马鹏飞、西藏自治区自然资源厅杨海明协助组织本书编制工作，参加本书数据计算、图谱制作、资料分析的还有中国气象局公共气象服务中心乌日柴胡、袁亚男、叶冬、胡玥明、樊静、曹润东、王捷儒、李利秋，西藏高原大气环境科学研究所高佳佳，自然资源部重庆测绘院李巍巍，安徽省公共气象服务中心王传辉等。本书在资料收集和编制过程中，还得到了中国测绘科学研究院宁晓刚研究员、北京玖天气象科技有限公司赵晓栋高级工程师的大力支持和帮助，在此一并表示感谢。

此外，本书的出版还得到西藏“十三五”项目“西藏温室气体监测及清洁能源利用的综合评估”和 2019 年西藏自治区科技重点研发计划“西藏主要地表特征科学考察及研究”共同资助，特此致谢。

由于编制时间仓促，加之作者水平有限，书中难免有不妥之处，敬请广大读者批评指正。

《西藏自治区太阳能资源及开发潜力评价》编写委员会

2021 年 4 月

摘　要

基于地面实测资料和精细化太阳能资源计算方法，将 1 km 分辨率网格化的太阳能资源评估结果与第三次土地利用调查结果、西藏自治区的太阳能资源利用和高海拔地形地貌特征相结合，对西藏自治区的太阳能资源和开发潜力进行了全面、细致的分析与评价，首次给出全区不同海拔高度、各市（地区）不同太阳能资源条件下的光伏发电技术开发量和空间分布。主要结论如下：

（1）就气象意义上的太阳能资源而言，西藏自治区平均的水平面总辐射年辐照量为 1816 kW·h/m^2，全区超过 60%的面积属于太阳能资源 A 类“最丰富”区，其余近 40%基本都属于 B 类“很丰富”区。空间上，西藏自治区太阳能资源自北向南、自东向西逐渐增加，拉萨市、日喀则市中东部、山南市、阿里地区西南部最为丰富，水平面总辐射年辐照量最大值为 2189 kW·h/m^2。时间上，西藏自治区水平面总辐射 5 月最高，12 月最低，全区 74%的面积属于太阳能资源稳定度 A 类“很稳定”区，其余 26%地区属于太阳能资源稳定度 B 类“稳定”区，全区太阳能资源呈现出“既强且稳”的特征。全区平均的太阳能资源近 30 年呈波动下降趋势，平均下降幅度约为 12.86 (kW·h/m^2)/10a。

（2）就光伏发电可利用的太阳能资源而言，西藏自治区平均的光伏发电最佳斜面总辐射年辐照量为 2211.6 kW·h/m^2，首年利用小时数 1813.5 h，25 年平均年利用小时数 1632.2 h；光伏发电最佳斜面总辐射年辐照量最大值为 2727 kW·h/m^2，首年利用小时数最大值为 2181 h，25 年平均年利用小时数最大值为 1963 h。

（3）就到达地表的太阳辐射资源而言，西藏自治区全年水平面总辐射理论总量约为 2400.7 亿吨标准煤或平均 2229.1 亿 kW·h，全年光伏发电最佳斜面总辐射理论总量约为 2913.9 亿吨标准煤或平均 2734.2 亿 kW。

（4）就地面上的光伏发电可装机容量而言，剔除制约因素后，西藏全区光伏发电技术开发量约为 120 亿 kW，技术开发面积约为 34 万 km^2，占全区国土面积的 27%。可开发区域中，最佳斜面总辐射在 2500 kW·h/m^2 以上的技术开发面积约为 5.7 万 km^2，主要分布在阿里西部、日喀则中东部、山南中北部和拉萨，技术开发量约为 20 亿 kW·h，占全区的 16%，可在综合考虑施工条件、并网和消纳条件等的基础上优先开发。

（5）从西藏影响光伏发电的灾害性气象因素来看，除阿里地区以外，沙尘天气发生较少，平均气温也不高，气象条件对于光伏发电利用效率的影响不大；全年大风、雷暴、冰雹日数较多，光伏电站设计和运行中应做好抗风和避雷措施；冻土时间较长，冻土深度较大，光伏电站施工应注意避开冻土时段。

目　录

第1章　绪　论

1.1　西藏自治区清洁能源发展趋势

西藏位于青藏高原西南部，地处26°50′～36°53′N，78°25′～99°06′E，平均海拔4000 m以上，素有“世界屋脊”之称。西藏的气候由于受地形、地貌和大气环流的影响，独特而且复杂。气候总体上具有西北严寒干燥，东南温暖湿润的特点。气候类型也因此自东南向西北依次有热带、亚热带、高原温带、高原亚寒带、高原寒带等各种类型。在藏东南和喜马拉雅山南坡高山峡谷地区，由于地势迭次升高，气温逐渐下降，气候发生从热带或亚热带到温带、寒温带和寒带的垂直变化。

西藏自治区作为中国水能、太阳能、地热能最丰富的地区之一，其电力供应以水电、光伏、地热等清洁能源为主，截至2020年年底，全区电力总装机容量超过400万kW，清洁能源占比将近90%，其中光伏发电装机容量约137万kW，占电力总装机容量的比例超过1/3，是全国光伏发电装机容量占比最高的省份之一，仅次于青海省(约39%)。根据《中共西藏自治区委员会关于制定国民经济和社会发展“十四五”规划和二〇三五年远景目标的建议》，西藏自治区“十四五”期间将加快清洁能源规模化开发，形成以清洁能源为主，油气和其他新能源互补的综合能源体系，2025年建成国家清洁可再生能源利用示范区，水电建成和在建装机容量突破1500万kW，光伏发电装机容量突破1000万kW。加快推进“光伏＋储能”研究和试点，大力推动“水风光互补”，推动清洁能源开发利用和电气化走在全国前列。

在此背景下，书中结合“第二次青藏高原综合科学考察研究”任务八“资源能源现状与远景评估”之专题四“清洁能源现状与远景评价”的研究任务，对西藏自治区的太阳能资源进行精细化评估，给出全区各太阳能资源参数在时间、空间上的分布图谱和开发潜力，以期为西藏自治区太阳能资源规模化开发利用提供基础支撑。

1.2　术语与定义

书中涉及的主要术语和定义包括：

日照时数——指一天中从日出到日落，太阳直接辐照度达到或超过120 W/m^{2}的时间总和，又称实照时数，以小时(h)为单位。

日照百分率——实照时数占可照时数的百分比。可照时数是指在无任何遮蔽条件下，太阳中心从某地东方地平线到进入西方地平线，其光线照射到地面所经历的时间，可根据天文公式准确计算。

水平面总辐射——指水平面上，天空 2π 立体角内所接收到的太阳直接辐射(水平面直接辐射)和散射辐射之和。气象观测中常以“总辐射”表示，本书中为区分斜面总辐射，特强调为“水平面总辐射”。

直接辐射——从日面及其周围一个非常狭窄的小立体角内发出，以平行光通过大气直接到达地表面的太阳辐射。其中“日面周围一个非常狭窄的小立体角”指的是环日辐射，是由直接辐射表的测量原理确定的。这是从射出辐射的角度定义的“直接辐射”。

法向直接辐射——与太阳光线垂直的平面上接收到的直接辐射。这是从射入辐射的角度定义的“直接辐射”。

水平面直接辐射——法向直接辐射在太阳天顶角余弦(或太阳高度角正弦)方向的分量。

散射辐射——太阳辐射经大气、云、气溶胶等散射而产生的辐射。水平面直接辐射与散射辐射之和等于水平面总辐射。

直射比——指水平面直接辐射占水平面总辐射的比例，以百分比表示。

散射比——指水平面散射辐射占水平面总辐射的比例，以百分比表示。直射比与散射比之和应等于 100%。

辐照度——在单位时间内投射到单位面积上的辐射能。是一个表征功率的物理量，其基本单位为 W/m^2。

辐照量——在给定时段内辐照度的积分总量，又称曝辐量。是一个表征能量的物理量，其基本单位为 J/m^2，气象站的观测记录中采用 MJ/m^2，本书中采用 $kW \cdot h/m^2$，两者的换算关系：$1\ kW \cdot h/m^2 = 3.6\ MJ/m^2$。

最佳倾角——光伏阵列在某一段时间内(年、季、月等)接收最多太阳辐射能量所对应的倾斜角度，单位为度(°)。

最佳斜面总辐射——光伏阵列以最佳倾角安装时能接收的总的太阳辐射能量，包括直接辐射、散射辐射和来自地面的反射辐射。

峰值日照时数——一段时间内光伏阵列接收的总的太阳辐射能量折算成标准辐照度下的日照时间，单位为 h。“标准辐照度”指光伏电池在实验室测定时要求的辐照度，为 $1000\ W/m^2$。峰值日照时数在数值上与最佳斜面总辐照量相等。

首年利用小时数——光伏电站并网运行后，第一年的发电量与并网装机容量的比值，单位为 h。首年利用小时数取决于两个因素：最佳斜面总辐射和光伏电站系统效率。

25 年平均利用小时数——光伏电站并网运行后，25 年的年平均发电量与并网装机容量的比值，单位为 h。25 年平均利用小时数主要取决于三个因素：最佳斜面总辐射、光伏电站系统效率和光伏组件年衰减率。

理论总量——某个区域到达地表的太阳辐射能量之和。用一段时间的平均值衡量时，其基本单位为 W，即功率的单位；用一段时间的累计值衡量时，其基本单位为 J，即能量的单位。理论总量取决于两个因素：(1)地外太阳辐射，即从太阳发射到达地球大气层外的辐射；(2)大气透过率，即大气层对地外太阳辐射的削弱程度。通俗来讲，理论总量指的是到达地面的太阳辐射资源量，跟地面上人类对太阳能的利用方式、土地利用政策等无关。

技术开发量——在现行技术条件下，剔除制约光伏发电开发的自然、社会因素后，某个区域的光伏发电可装机容量，基本单位为 W，即可安装的光伏组件额定功率的单位。技术开发量取决于两个因素:(1)装机容量系数,即在当前的光伏组件额定功率技术条件下,平坦地形单位面积上的光伏装机容量,该容量还会受到纬度影响;(2)制约因素,包括耕地、森林、军事和自然保护区等社会因素,以及坡度、坡向等自然因素。通俗来讲,技术开发量指的是地面上的可装机容量,跟太阳辐射量无关。为了更好地指导光伏发电规划与开发,书中将详细给出每个太阳能资源等级范围内的技术开发量。

技术开发面积——与技术开发量相对应,即在现行技术条件下,剔除制约光伏发电的自然、社会因素后,某个区域的光伏发电可开发面积,基本单位为 m^2。

1.3　数据资料及来源

书中采用的数据资料主要包括两类:气象站实测数据和土地利用测绘数据。

气象站实测数据来源于国家气象信息中心,要素包括用于太阳能资源计算的日照时数和日照百分率,以及用于太阳能利用高影响气象因素分析的总云量、相对湿度、能见度、温度和天气现象(沙尘日数、雾日数、霾日数、大风日数、雷暴日数、冰雹日数和冻土)等,所有气象要素的时间区间均为 1991—2020 年。西藏自治区气象台站的空间分布如图 1.1 所示。

土地利用测绘数据来源于西藏自治区自然资源厅,包括生态保护红线、永久基本农田、自然保护地的分布、0.005°分辨率的网格化土地利用类型等。

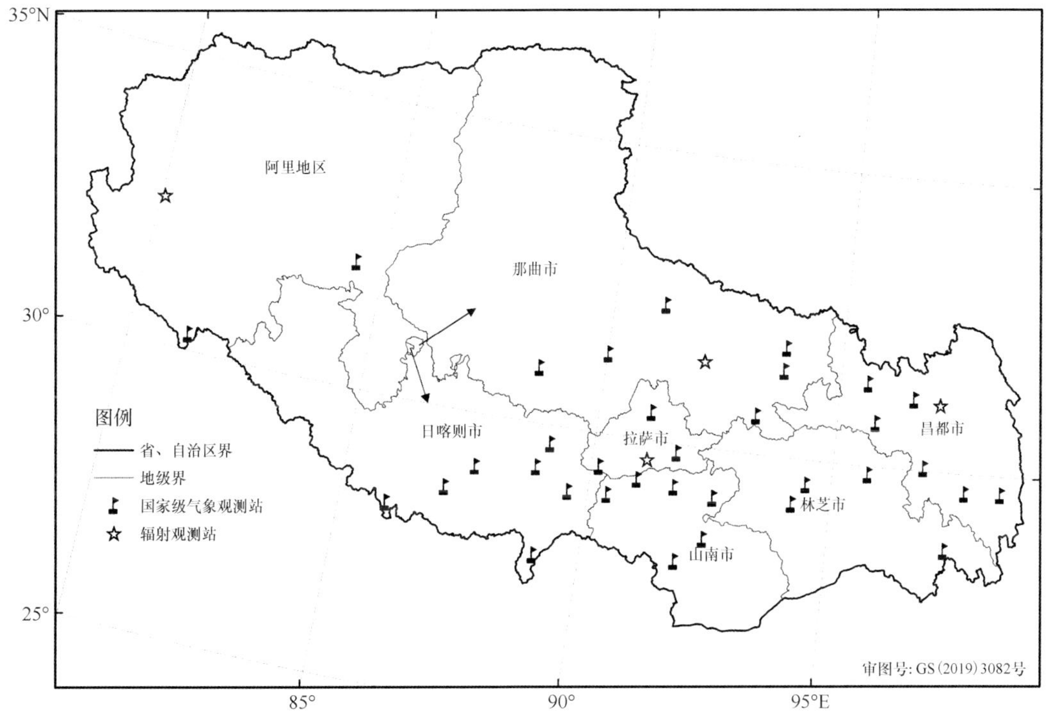

图 1.1　西藏自治区国家级气象台站空间分布

第 2 章　精细化太阳能资源计算方法

书中的太阳能资源包括水平面太阳能资源和光伏发电太阳能资源两部分。水平面太阳能资源参数包括日照时数、日照百分率、水平面总辐射、水平面直接辐射和水平面散射辐射，日照时数和日照百分率基于西藏自治区国家级气象台站实测数据绘制，水平面总辐射、水平面直接辐射和水平面散射辐射通过计算获得 1 km×1 km 分辨率数据。光伏发电太阳能资源参数包括固定式光伏发电最佳倾角、最佳斜面总辐射和光伏发电 25 年平均年利用小时数，均是在水平面太阳能资源相关参数的基础上计算获得，进而结合土地利用数据，测算西藏自治区的光伏发电技术开发量。以下简要描述各参数的计算方法。

2.1　水平面太阳能资源计算方法

根据国家标准《太阳能资源评估方法》(GB/T 37526—2019)，以气候学统计方法为基础计算水平面总辐射、水平面直接辐射和水平面散射辐射。该方法依据气候学原理，利用其他气象要素间接计算到达地面太阳辐射。采用的计算公式如下：

$$\mathrm{GHI} = G_0(a_1 s + b_1) \tag{2.1}$$

$$\mathrm{DBI} = G_0(a_2 s^2 + b_2 s) \tag{2.2}$$

$$\mathrm{DIF} = \mathrm{GHI} - \mathrm{DBI} \tag{2.3}$$

式中，G_0 表示地外太阳辐射(kW·h/m^2)，s 为日照百分率(%)，a_1、b_1 和 a_2、b_2 是经验系数。通过上述公式，计算得到西藏自治区各国家级气象台站的水平面太阳能资源参数。

在此基础上，采用美国国家可再生能源实验室的分光谱辐射传输模式 SMARTS(Simple Model for Atmospheric Transmission of Sunshine)对计算结果在空间上进行订正和降尺度，获得 1 km 分辨率的格点化太阳能资源数据。SMARTS 模式对太阳辐射各影响因子有多种方案选择、光谱范围可设、具备斜面计算功能、输出参数多样等诸多优点(GUEYMARD, 1995)。目前该模式已在中国晴天太阳辐射计算方面得到广泛应用(王炳忠 等,2012;申彦波 等,2014)。模式输入数据主要包括站点经纬度、海拔高度、逐时地面气压、2 m 气温、相对湿度以及能见度。通过对模拟输出的各月水平面总辐射与海拔高度分析发现，两者之间在各月均呈对数变化，表达式为：

$$\mathrm{GHI} = \alpha \times \ln H + \beta \tag{2.4}$$

式中，H 为海拔高度(m)，α、β 是经验系数。利用西藏自治区 1 km×1 km 分辨率的高程数据，计算获得全区 1 km×1 km 分辨率的逐月太阳能资源分布。

利用西藏自治区 4 个国家级辐射观测站的实测数据对上述计算和订正后的年水平面总辐

照量进行检验,结果如表 2.1 所示。从表中可以看出,狮泉河和那曲两个海拔高度较高的站点计算结果偏低较为明显,拉萨和昌都两个海拔高度较低的站点计算结果准确度较高。

表 2.1 西藏自治区 4 个国家级辐射观测站水平面总辐照量检验结果

站点名称	海拔高度(m)	相对误差(%)	平均绝对误差(kW·h/m²)	均方根误差(kW·h/m²)
狮泉河	4278	−11.1	286.5	354.3
那曲	4507	−10.0	206.7	253.5
拉萨	3648	0.7	67.7	94.0
昌都	3315	−2.3	82.3	112.2

2.2 倾斜面太阳能资源计算方法

在上述计算结果的基础上,对固定安装的并网光伏发电站进行太阳能资源评价。采用各向异性模型计算斜面总辐射,确定最佳倾角和最佳斜面总辐射,作为资源分析和评估的依据。

根据国家标准《光伏发电站设计规范》(GB 50797—2012),采用 Klein 模型计算倾斜面总辐射。该模型的主要计算公式如下:

$$Q_S = D_S + S_S + R_S \tag{2.5}$$

$$D_S = D_H \cdot R_b \tag{2.6}$$

$$S_S = S_H \cdot \left[\frac{D_S}{Q_0}R_b + \left(1 - \frac{D_S}{Q_0}\right)\left(\frac{1+\cos\beta}{2}\right)\right] \tag{2.7}$$

$$R_S = Q_H \cdot \left(\frac{1-\cos\beta}{2}\right) \cdot \rho \tag{2.8}$$

$$R_b = \frac{\cos(\varphi-\beta)\cdot\cos\delta\cdot\sin\omega + \frac{\pi}{180}\omega\cdot\sin(\varphi-\beta)\sin\delta}{\cos\varphi\cdot\cos\delta\cdot\sin\omega + \frac{\pi}{180}\omega\cdot\sin\varphi\cdot\sin\delta} \tag{2.9}$$

式中,Q_S、D_S、S_S、R_S 分别是倾斜面上的总辐射、直接辐射、散射辐射和反射辐射月总量;Q_H、D_H、S_H 分别是水平面上的总辐射、直接辐射和散射辐射月总量;R_b 是方位角为正南时,倾斜面与水平面上的日太阳直接辐射之比的月平均值;φ 是纬度,β 是倾斜面与水平面的夹角(倾角),δ 是各月代表日的太阳赤纬,ω 是各月代表日的日落时角,这四个量的单位均为角度,δ 和 ω 根据天文公式计算得到;ρ 是月平均地表反照率,考虑到光伏电站所在地下垫面通常为干燥地表,近似将 ρ 取 0.2。

根据上述公式,可计算得到朝向正南、任意倾斜角度斜面上的逐月总辐射量,将逐月值求和可得年辐照量。对于并网光伏电站,寻求的是以最佳倾斜角度设计光伏阵列,使获取的太阳辐射年辐照量最大。对此,可根据上述结果,在倾斜角度 0°～90°范围内选取倾斜面总辐射年辐照量最大的值,该值所对应的倾斜角度即为固定式并网光伏电站的最佳倾角。

2.3 光伏发电年利用小时数计算方法

根据光伏发电能量转换原理，光伏发电首年利用小时数 H_0 采用以下公式计算：

$$H_0 = Q_S / P_0 \cdot \mathrm{PR} \tag{2.10}$$

式中，Q_S 是最佳斜面总辐射，单位为 kW · h/m²；P_0 光伏电池测试的标准辐照度，即 1 kW/m²；PR 是光伏电站总体系统效率，结合目前国内大型光伏电站设计经验，书中取 82%。

光伏电站的设计寿命为 25 年，因此通常以 25 年平均年利用小时数作为估算电站效益的一个重要指标。光伏发电 25 年平均利用小时数 H_{25} 采用以下公式计算：

$$H_{25} = \overline{H_1 \cdot r_1 + H_2 \cdot r_2 + \cdots + H_{25} \cdot r_{25}} \tag{2.11}$$

式中，r 是光伏组件年衰减系数，结合目前国内大型光伏电站设计经验，书中首年衰减按 3% 取值，此后每年按 0.8% 取值。

2.4 太阳能资源理论总量计算方法

将评估区域内所有网格点年辐照量相加，再乘以网格点面积，即可得到评估区域以能量为单位（kW · h、MJ、标准煤）的太阳能资源年理论总量（S_E），再将该总量除以全年时间，即可得到评估区域以功率为单位（kW）的太阳能资源年平均理论总量（S_P）。具体计算公式如下：

$$S_E = \sum_{i=1}^{n} S_i \cdot A_i \tag{2.12}$$

$$S_P = \left(\sum_{i=1}^{n} S_i \cdot A_i \right) \Big/ T \tag{2.13}$$

式中，S_i 为每个网格点的年辐照量，单位为 kW · h/m²，书中分别计算水平面总辐射年辐照量和最佳斜面总辐射年辐照量；A_i 为每个网格的面积，书中所用数据为 1 km×1 km 分辨率的等网格距，所有网格点的面积均为 1 km²；n 是评估区域内的网格点数量；T 为全年小时数，即 8760 h。

书中的能量单位分别采用 kW · h、MJ 和标准煤。标准煤的定义是凡能产生 29.27 MJ 热量（低位）的任何数量的燃料折合为 1 kg 标准煤。三种单位的换算关系：

$$1\ \mathrm{kW \cdot h} = 3.6\ \mathrm{MJ} \approx 123\ \mathrm{g}\ \text{标准煤} \tag{2.14}$$

2.5 光伏发电技术开发量计算方法

根据第 1 章的术语定义可知，技术开发量主要取决于两个因素：装机容量系数取值和制约因素的剔除规则。以下分别说明对这两个因素的计算方法。

2.5.1 装机容量系数取值

根据能源行业标准《光伏发电工程规划报告编制规程》(NB/T 32046—2018)，不同纬度、不同地形下固定式光伏发电站的安装容量如表 2.2 所示。Ⅰ类地形区是指地形无明显起伏，地面自然坡度不超过 3°的平原地区；Ⅱ类地形区是指地形起伏不大，地面自然坡度大于 3°但不超过 20°，相对高差在 200 m 以内的微丘陵地区；Ⅲ类地形区是指地形起伏较大，地面自然坡度大于 20°，相对高差在 200 m 以上的重丘陵或山岭地区。

表 2.2　不同纬度、不同地形下固定式光伏发电站的安装容量

纬度(°)	安装容量(MW/km²)		
	Ⅰ类地形区	Ⅱ类地形区	Ⅲ类地形区
20	61.54	51.61	41.67
25	55.56	48.48	36.04
30	48.78	44.69	29.85
35	41.24	40.00	23.60
40	33.47	34.48	17.39
45	25.08	27.68	11.46
50	16.13	19.32	7.72

另外，参考国土资源部 2015 年颁布的《光伏发电站工程项目用地控制指标》(国土资规〔2015〕11 号)，在不同纬度地区，采用不同额定功率的光伏组件按照最佳倾角固定安装方式时的光伏电站占地面积上限如表 2.3 所示。

表 2.3　最佳倾角固定式 1 万 kW 光伏方阵建设用地参考(hm²)

纬度(°)	255Wp	260Wp	265Wp	270Wp	275Wp	280Wp	285Wp	290Wp
18	10.98	10.68	10.55	10.37	10.20	10.02	9.84	9.66
20	11.45	11.13	11.01	10.82	10.64	10.45	10.27	10.08
25	12.92	12.56	12.42	12.21	12.00	11.79	11.58	11.37
30	14.94	14.53	14.37	14.13	13.88	13.64	13.40	13.16
35	17.89	17.39	17.20	16.91	16.62	16.33	16.04	15.75
40	22.49	21.86	21.62	21.25	20.89	20.53	20.16	19.80
45	30.59	29.74	29.41	28.91	28.41	27.92	27.42	26.93
50	48.37	47.03	46.51	45.72	44.94	44.16	43.37	42.59

注：Wp 是指光伏组件的峰值额定功率，即在标况(辐照度 1000 W/m²、温度 25℃)条件下，光伏组件所能达到的输出功率。

西藏自治区大部分地区位于 28°～36°N。综合上述两个规范标准，在技术开发量计算中，对装机容量系数的上限取为 70 MW/km²。

2.5.2 制约因素剔除规则

根据国土资源部、发展改革委、科技部、工业和信息化部、住房和城乡建设部、商务部2015年联合颁布的《关于支持新产业新业态发展促进大众创业万众创新用地的意见》(国土资规〔2015〕5号),国家林业局2015年颁布的《关于光伏电站建设使用林地有关问题的通知》(林资发〔2015〕153号),国土资源部、国务院扶贫办、国家能源局2017年联合颁布的《关于支持光伏扶贫和规范光伏发电产业用地的意见》(国土资规〔2017〕8号)等国家政策规定,按照第三次土地利用调查的地类划分,从自然和社会两个方面考虑光伏发电的制约因素。

(1)不可开发区域

光伏发电不可开发区域包括永久基本农田、自然保护地、湿地、工矿用地、商业服务业用地、住宅用地、公共管理与公共服务用地、特殊用地、交通运输用地、水域及水利设施用地。

对于西藏高海拔地区,考虑到建设条件和并网输送的问题,同时将海拔高度超过5000 m的地区列为不可开发区域。

(2)限制开发区域

对于植被覆盖丰富区和牧场等地区,光伏电站的开发利用会对环境产生不同程度的影响,在这些区域一般是采用限制开发的策略。结合相关国家政策及行业经验,对于草地的可开发面积按50%考虑;对于水田、水浇地、种植园地、旱地等非永久基本农田,考虑到目前广泛存在的农光互补、渔光互补等分布式发电模式,可开发面积均按20%取值;对于林地,综合考虑生态环境保护和林光互补光伏发电模式,可开发面积按10%考虑。具体如表2.4所示。

表2.4　各土地利用类型对应的可开发比例(%)

土地利用类型	可开发比例
生态保护红线、永久基本农田、自然保护地、湿地、工矿用地、商业服务业用地、住宅用地、公共管理与公共服务用地、特殊用地、交通运输用地、水域及水利设施用地	0
林地	10
水田、水浇地、种植园地、旱地	20
草地	50
其他裸地、其他农用地	100

(3)地形因素的影响

按照《光伏发电工程规划报告编制规程》(NB/T 32046—2018),对Ⅰ类地形区和Ⅱ类地形区,装机容量系数不做折减,对Ⅲ类地形区,装机容量系数按60%考虑。此外,对于坡度>30°,或者坡度>10°且坡向为北(坡向>315°或<45°)的地形复杂地区,暂不考虑大规模光伏电站开发,如表2.5所示。

表 2.5　不同地形条件对应的可开发比例(%)

地形条件	可开发比例
坡度＞10°且坡向为北(坡向＞315°或＜45°)	0
坡度＞30°	0
20°＜坡度≤30°	60
坡度≤20°	100

2.5.3　技术开发量计算方法

基于上述两个因素，对某一区域内的光伏发电技术开发量(WP)采用以下方程计算：

$$\mathrm{WP} = \sum_{i=1}^{n} P_{di} \cdot A \tag{2.15}$$

式中，n 表示可利用区域内的网格总数；A 表示单个网格的面积，书中为 1 km^2；P_{di} 表示计算区域内第 i 个网格的装机容量系数，如某个网格的海拔高度低于 5000 m，土地利用类型为草地，坡度为 25°，则该网格的光伏发电装机容量系数为 70 $\mathrm{MW/km^2} \times 50\% \times 60\% = 21\ \mathrm{MW/km^2}$，该网格的光伏发电技术开发量为 21 $\mathrm{MW/km^2} \times 1\ \mathrm{km^2} = 21\ \mathrm{MW}$。

第3章　西藏自治区太阳能资源精细化评估

3.1　等级评价

3.1.1　总量等级

一个地区多年平均水平面总辐射年辐照量的多少反映了该地区太阳能资源的丰富程度。根据国家标准《太阳能资源等级 总辐射》(GB/T 31155—2014)，中国太阳能资源的总量等级以水平面总辐射年辐照量为指标，分为四个等级，如表3.1所示。

表3.1　中国太阳能资源总量(GHI)等级划分

等级名称	分级阈值(kW·h/m²)	等级符号
最丰富	GHI≥1750	A
很丰富	1400≤GHI<1750	B
丰　富	1050≤GHI<1400	C
一　般	GHI<1050	D

图3.1是依照上述划分标准给出了四个总量等级在西藏的分布区域，表3.2是相应的地域描述及每个等级所占西藏自治区的面积。从图表中可以看出，西藏地区无D类太阳能资源区，A类"最丰富"区占全区面积的60.9%，B类"很丰富"区占38.9%。从太阳能资源丰富程度来看，西藏自治区绝大部分地区都适宜于太阳能开发利用。

表3.2　西藏自治区太阳能资源总量等级分布区域

等级名称	主要分布地区	面积占比(%)
最丰富	日喀则市、拉萨市、山南市大部分区域、阿里地区南部、那曲市南部、林芝市西北部分区域、昌都市局部	60.9
很丰富	阿里地区北部、那曲市北部和东部区域、昌都市大部分地区、林芝市大部分地区、山南市东南部	38.9
丰　富	林芝市东北局部	0.2
一　般	无	——

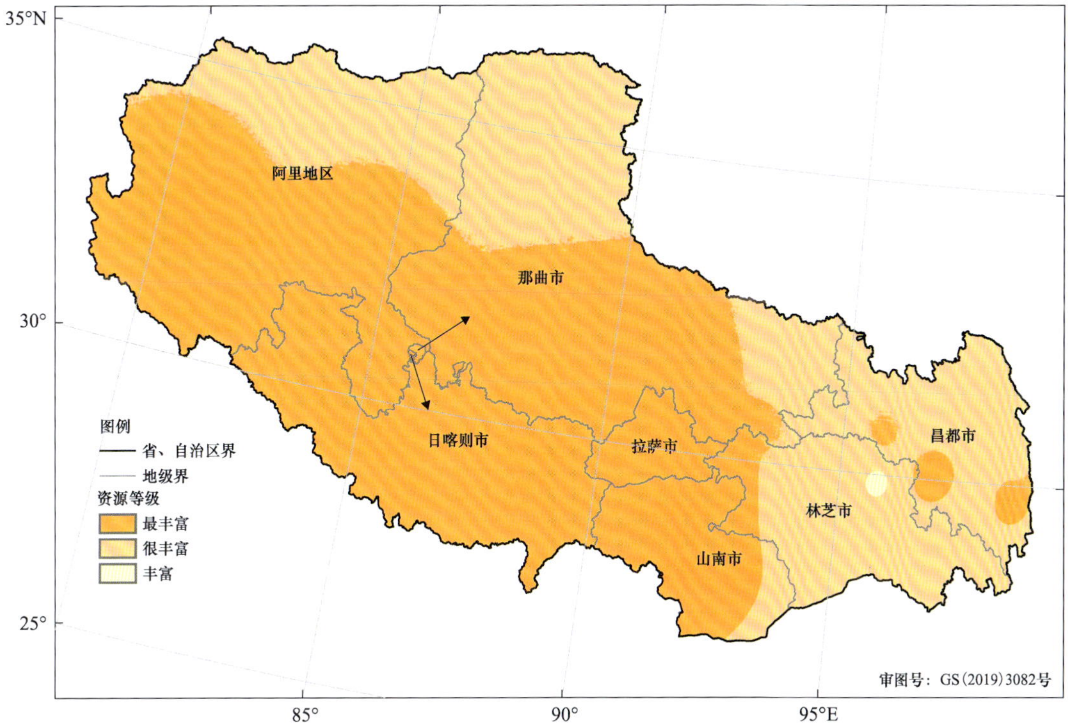

图 3.1　西藏自治区太阳能资源总量等级分布

3.1.2　稳定度等级

一年中各月水平面总辐照量的最小值与最大值的比值可表征太阳能资源年变化的稳定度，在实际大气中其数值在(0,1]区间变化，越接近于 1 越稳定。一个地区太阳能资源的稳定程度对其开发利用价值有重要影响，对于太阳能发电而言，资源越稳定则其输出功率越稳定，对电网的影响也越小。根据国家标准《太阳能资源等级 总辐射》(GB/T 31155—2014)，中国太阳能资源的稳定度等级以该比值为指标，分为四个等级，如表 3.3 所示。

表 3.3　中国太阳能资源稳定度($\boldsymbol{R}_{\mathrm{W}}$)等级划分

等级名称	分级阈值	等级符号
很稳定	$R_{\mathrm{W}} \geqslant 0.47$	A
稳　定	$0.36 \leqslant R_{\mathrm{W}} < 0.47$	B
一　般	$0.28 \leqslant R_{\mathrm{W}} < 0.36$	C
欠稳定	$R_{\mathrm{W}} < 0.28$	D

图 3.2 是依照上述划分标准给出了四个稳定度等级在西藏的分布区域，表 3.4 是相应的地域描述及每个等级所占西藏自治区的面积。从图表中可以看出，在西藏太阳能资源稳定度等级分布中，无 C 类“一般”、D 类“欠稳定”区域，全区大部分地区都属于 A 类“很稳定”区，占比约 74.1%，B 类“稳定”区域占比约 25.9%。

表 3.4　西藏自治区太阳能资源稳定度等级分布区域

等级名称	主要分布地区	面积占比(%)
很稳定	昌都市、林芝市、山南市、拉萨市、日喀则市、那曲市大部分地区、阿里地区东南部	74.1
稳　定	阿里地区大部分区域、那曲市西北部	25.9
一　般	无	——
欠稳定	无	——

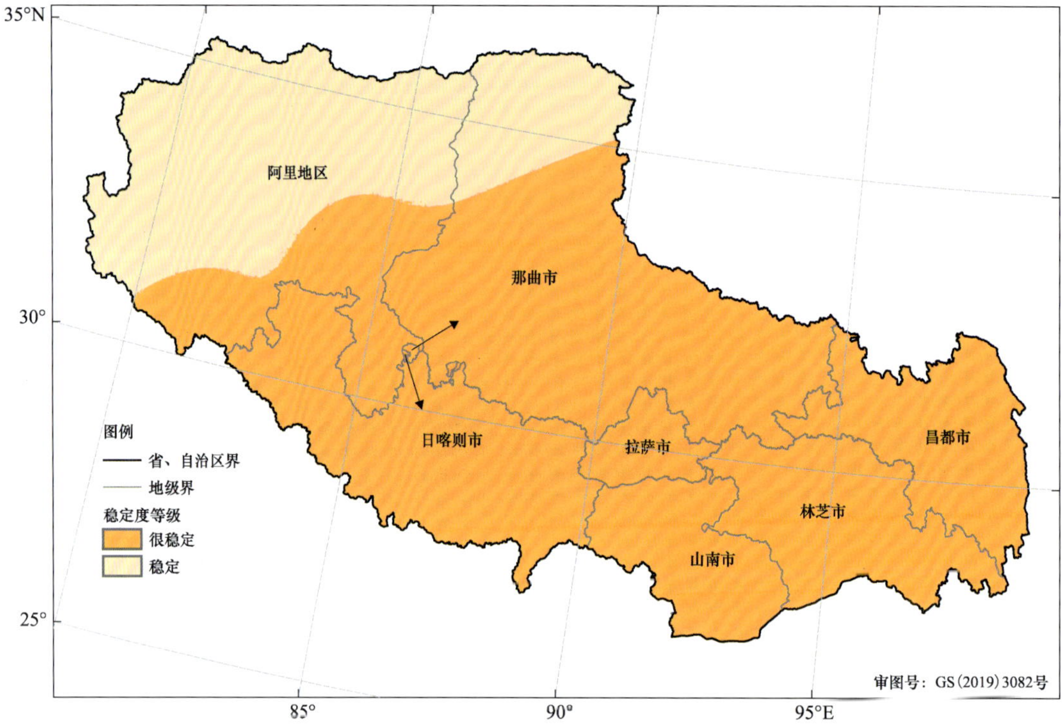

图 3.2　西藏自治区太阳能资源稳定度等级分布

3.1.3　直射比等级

水平面总辐射由水平面直接辐射和水平面散射辐射两种形式组成，不同气候类型地区，直接辐射和散射辐射占总辐射的比例有明显差异，不同地区应根据主要辐射形式特点进行开发利用。书中用直射比(水平面直接辐射占水平面总辐射的比例)来表征这一特点，在实际大气中直射比的数值在[0,1)区间变化，越接近于1，直接辐射所占的比例越高。根据国家标准《太阳能资源等级 总辐射》(GB/T 31155—2014)，中国太阳能资源的直射比等级以该比值为指标，分为四个等级，如表3.5所示。

表 3.5　中国太阳能资源直射比(R_{DB})等级划分

等级名称	分级阈值	等级符号	等级说明
很高	$R_{DB} \geq 0.6$	A	直接辐射主导
高	$0.5 \leq R_{DB} < 0.6$	B	直接辐射较多
中	$0.35 \leq R_{DB} < 0.5$	C	散射辐射较多
低	$R_{DB} < 0.35$	D	散射辐射主导

图 3.3 是依照上述划分标准给出的四个直射比等级在西藏自治区的分布区域，表 3.6 是相应的地域描述及每个等级所占西藏自治区的面积。从图表中可以看出，在西藏自治区太阳能资源直射比等级分布中，无 D 类“散射辐射主导”区，全区 A 类“直接辐射主导”区和 B 类“直接辐射较多”区占比达到 90%以上，其中 A 类占比最多达到 47.7%，B 类占比达到 43.5%，C 类“散射辐射较多”区占比仅为 8.8%，主要分布在东南部的林芝市。

表 3.6　西藏自治区太阳能资源直射比等级分布区域

等级名称	主要分布地区	占全区面积（%）
直接辐射主导	日喀则市、拉萨市、山南市大部分区域、阿里地区南部、那曲市西南部、昌都市局部	47.7
直接辐射较多	阿里地区北部、那曲市大部分区域、昌都市大部、山南市东部、林芝市周边区域	43.5
散射辐射较多	那曲市东部部分区域、林芝市大部、昌都市东北部	8.8
散射辐射主导	无	—

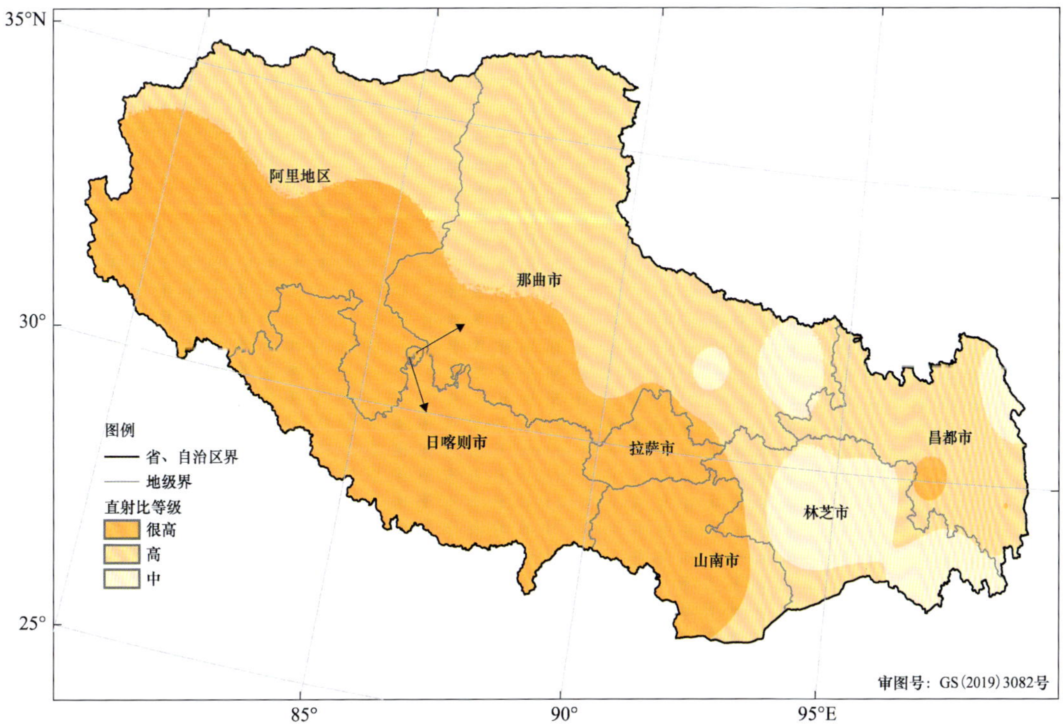

图 3.3　西藏自治区太阳能资源直射比等级分布

3.2　开发潜力

3.2.1　理论总量

表 3.7 和表 3.8 分别是西藏自治区各市(地区)水平面和光伏发电最佳斜面太阳能资源理论总量统计。从表中可以看出：

(1)就单位面积年辐照量而言,全区平均水平面总辐射为 1816 kW·h/m^2,光伏发电最佳斜面总辐射为 2211.6 kW·h/m^2;拉萨市最高,水平面总辐射为 2023.0 kW·h/m^2,光伏发电最佳斜面总辐射为 2490.1 kW·h/m^2;林芝市最低,水平面总辐射为 1582.1 kW·h/m^2,光伏发电最佳斜面总辐射为 1865.2 kW·h/m^2。

(2)就区域面积内的理论总量而言,全区全年水平面总辐射累计 2400.7 亿吨标准煤或 2229.1 亿 kW·h,全年光伏发电最佳斜面总辐射为 2913.9 亿吨标准煤或 2734.2 亿 kW·h;那曲市最高,全年水平面总辐射累计 705.1 亿吨标准煤或 654.7 亿 kW·h,全年光伏发电最佳斜面总辐射为 856.1 亿吨标准煤或 794.9 亿 kW·h;拉萨市最低,全年水平面总辐射累计 63.2 亿吨标准煤或 58.7 亿 kW·h,全年光伏发电最佳斜面总辐射为 77.8 亿吨标准煤或 72.2 亿 kW·h。

表 3.7　西藏自治区各市(地区)水平面太阳能资源理论总量

市(地区)	理论总量(亿 kW·h)	市(地区)域总的年辐照量(亿吨标准煤)	单位面积年辐照量(kW·h/m^2)	市(地区)域面积(万 km^2)
山南市	151.5	163.1	1917.1	7.9
日喀则市	360.3	388.1	1979.9	18.2
那曲市	654.7	705.1	1774.3	36.9
林芝市	185.1	199.4	1582.1	11.7
拉萨市	58.7	63.2	2023.0	2.9
昌都市	191.9	206.7	1683.5	11.4
阿里地区	626.9	675.2	1854.7	33.8
总计/平均*	2229.1	2400.7	1816.0(平均值)	122.8

*:按全区所有网格累加或平均,而不是所有市(地区)相加或求平均,下同。

表 3.8　西藏自治区各市(地区)最佳斜面太阳能资源理论总量

市(地区)	理论总量(亿 kW·h)	市(地区)域总的年辐照量(亿吨标准煤)	单位面积年辐照量(kW·h/m^2)	市(地区)域面积(万 km^2)
山南市	185.0	199.2	2342.2	7.9
日喀则市	441.6	475.6	2426.4	18.2
那曲市	794.9	856.1	2154.2	36.9
林芝市	218.2	235	1865.2	11.7
拉萨市	72.2	77.8	2490.1	2.9
昌都市	231.2	240.3	2028.1	11.4
阿里地区	770.6	829.9	2279.8	33.8
总计/平均*	2734.2	2913.9	2211.6(平均值)	122.8

3.2.2　技术开发量

3.2.2.1　制约因素剔除

1. 地形因素

图 3.4 给出了西藏自治区地形坡度空间分布。从图中可以看出，藏北多为平坦高原区，适合建设大规模光伏电站，藏东南、藏南以及阿里西部地区地形复杂，对大规模电站建设限制较大。经统计，全区坡度超过 30°或坡度＞10°且坡向为北（坡向＞315°或＜45°）的面积为 291368 km^2，考虑为光伏发电不可开发区；坡度为 20°～30°的面积 177397 km^2，单位面积光伏发电装机容量按 60％考虑；坡度在 20°以下的面积 792370 km^2，对光伏发电装机容量无影响。

图 3.4　西藏自治区地形坡度空间分布

图 3.5 给出了西藏自治区地形海拔高度空间分布，从图中可以看出，昆仑山脉、冈底斯山脉、喜马拉雅山脉等区域海拔高度超过 5000 m，总面积超过 50 万 km^2，占全区面积的 40％，考虑为光伏发电不可开发区域。

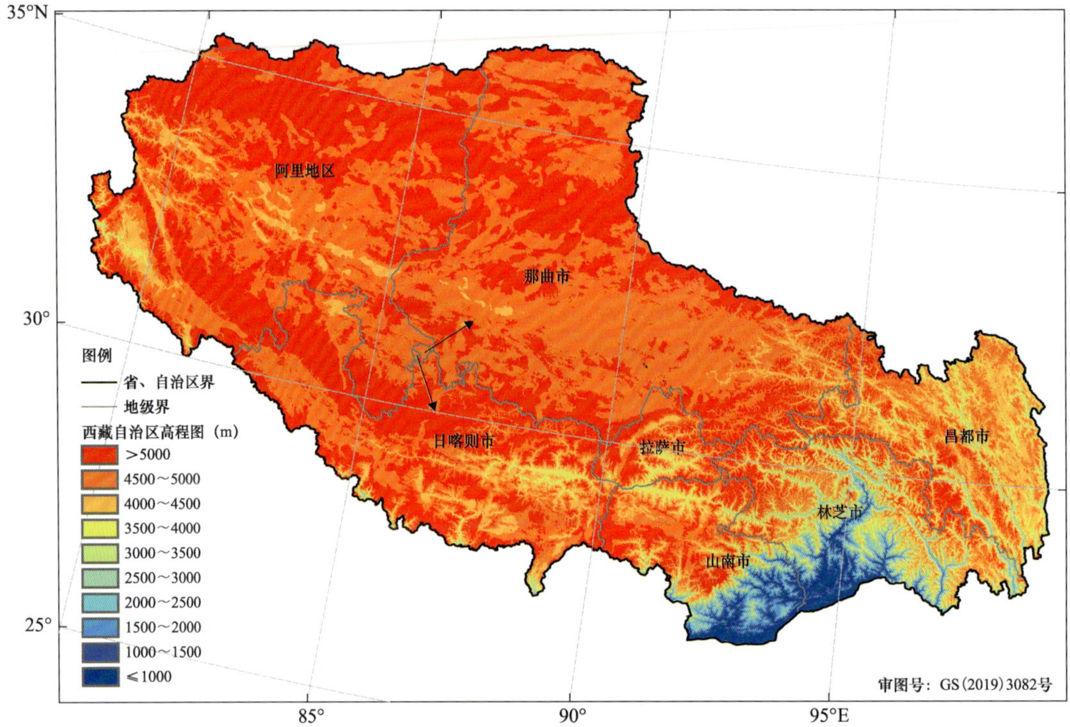

图 3.5　西藏自治区地形海拔高度空间分布

2. 土地利用因素

图 3.6 是西藏自治区自然资源厅依据第三次土地利用调查信息给出的全区土地利用分类，表 3.9 给出了各种土地利用类型的面积。从图和表中可以看出，西藏自治区土地利用以草地和林地为主，草地面积超过 80 万 km^2，约占全区面积的 2/3，光伏发电装机容量系数均按 50%考虑；林地主要分布在山南、林芝、昌都等藏东南地区，光伏发电装机容量系数按 10%考虑；光伏发电不可开发区域(图 3.6 中的负面清单)主要分布在那曲、阿里措勤、拉萨等地，以及西藏地区星罗棋布的湖泊和冰川等区域；西藏其他裸地主要分布在阿里北部、西部和南部，日喀则西部和南部，山南中部，林芝西部和北部，昌都南部等，总面积超过 11 万 km^2，光伏发电装机容量系数无折减。

此外，对全区面积最大的羌塘国家级自然保护区(图 3.7)，也考虑为光伏发电不可开发区域。

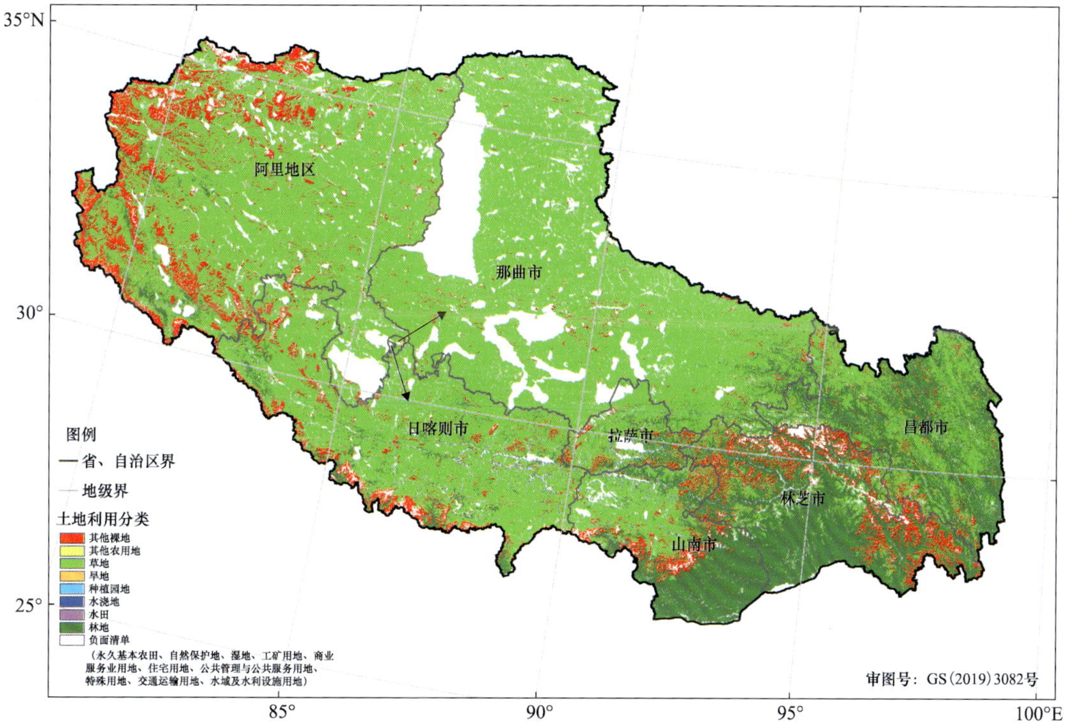

图 3.6　西藏自治区土地利用分类及空间分布

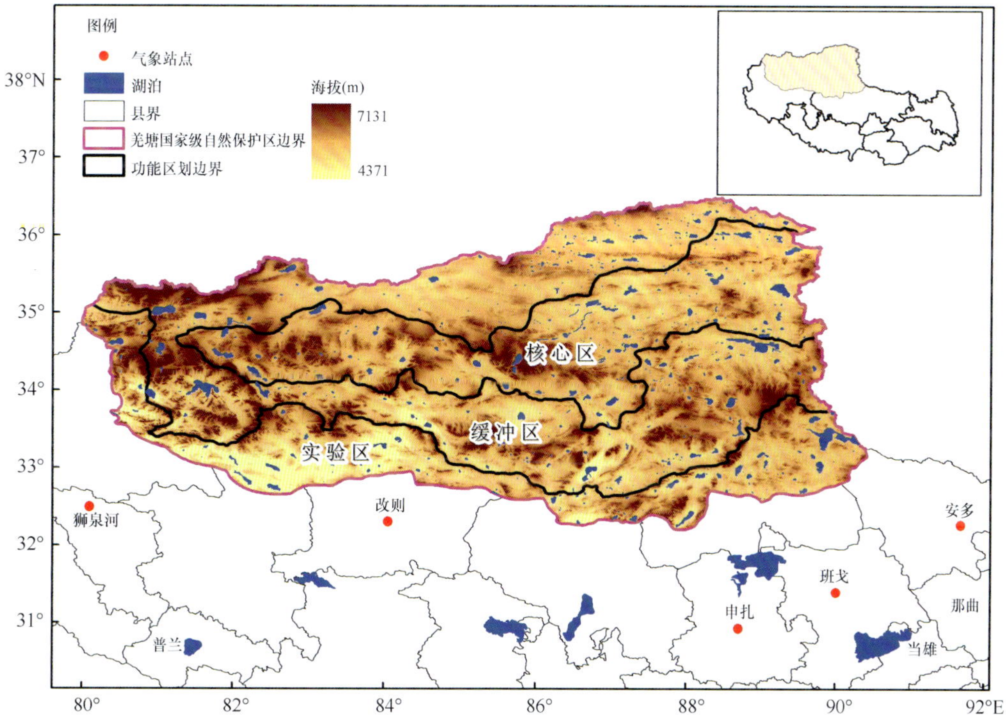

图 3.7　羌塘国家级自然保护区分布

表 3.9 西藏自治区各种土地利用类型的面积

光伏发电限制因素分类	土地利用类型	面积(km^2)
不可开发因素（自然因素）	自然保护地	55668.13
	永久基本农田	2989.34
	湿地	35669.20
	小计	94326.67
不可开发因素（社会因素）	商业服务业用地	74.07
	工矿用地	317.51
	住宅用地	574.31
	公共管理与公共服务用地	143.43
	特殊用地	100.26
	交通运输用地	1729.90
	水域及水利设施用地	66745.75
	小计	69685.23
不可开发因素总面积		164011.9
限制开发因素	水田	16.22
	水浇地	3465.27
	旱地	1452.81
	种植园用地	89.85
	林地	179079.29
	草地	800100.75
	限制开发因素总面积	984204.19
无限制开发因素	其他农用地	182.48
	其他裸地	112736.11
	无限制开发因素总面积	112918.59
全区面积共计		1261134.68

3.2.2.2 全区及各市(地区)技术开发量

根据第 2 章的计算方法，本章对剔除制约因素后的光伏发电技术开发量进行分析和统计。考虑到大规模光伏发电的发展，这里只统计装机容量系数在 10 MW/km^2 以上的网格。

由于西藏自治区高海拔的特点，这里首先给出不同海拔高度以下的光伏发电装机容量系数分布(图 3.8～3.12)和技术开发量统计(表 3.10)。从图、表中可以看出，海拔 5000 m 以下的技术开发量达 120 亿 kW，在全区各市(地区)均有大量分布，开发潜力巨大，其中海拔高度在 4500～5000 m 的装机容量约 97.7 亿 kW，是西藏自治区可开展光伏发电开发的主要区域；海拔高度在 3500 m 以下和 3000 m 以下的技术开发量分别约为 6300 万 kW 和 3600 万 kW，主要分布在林芝、山南、昌都的地形复杂地区，相当于中国部分面积较小省份的总技术开发量，相比于目前西藏已建的光伏电站装机容量(2020 年年底为 137 万 kW)，仍然非常可观。

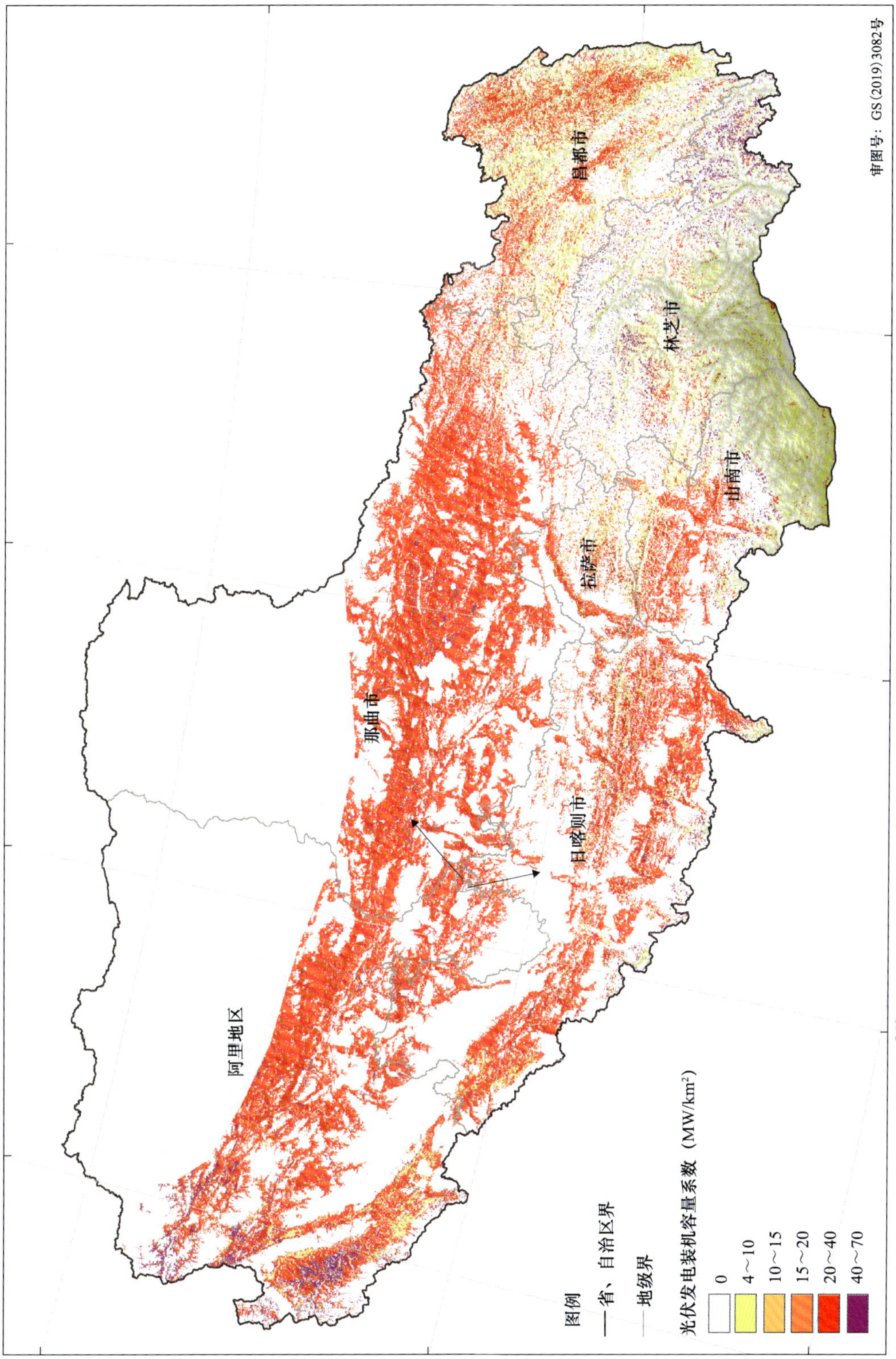

图 3.8　西藏自治区海拔 5000 m 以下光伏发电装机容量系数空间分布

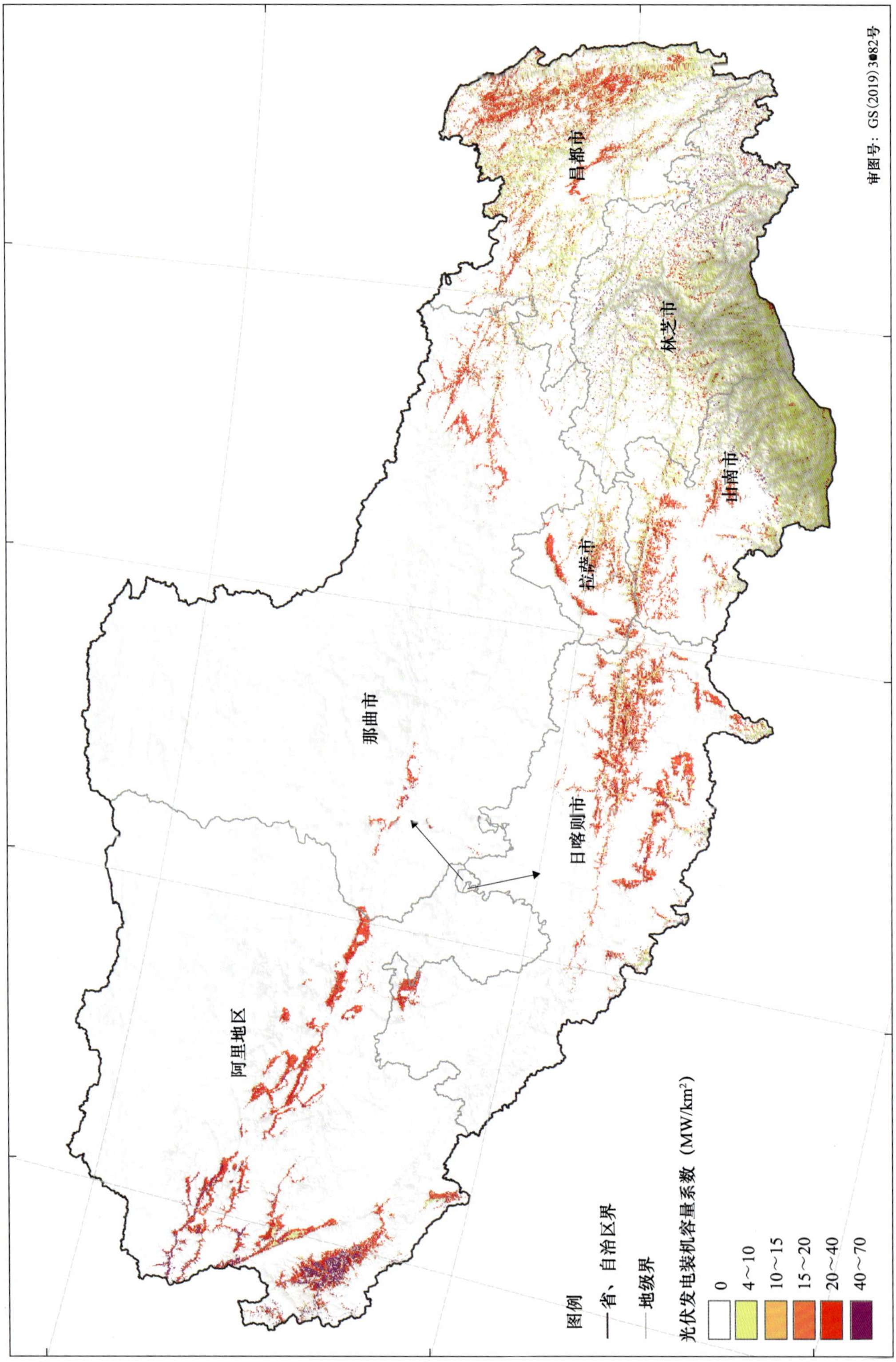

图 3.9 西藏自治区海拔 4500 m 以下光伏发电装机容量系数空间分布

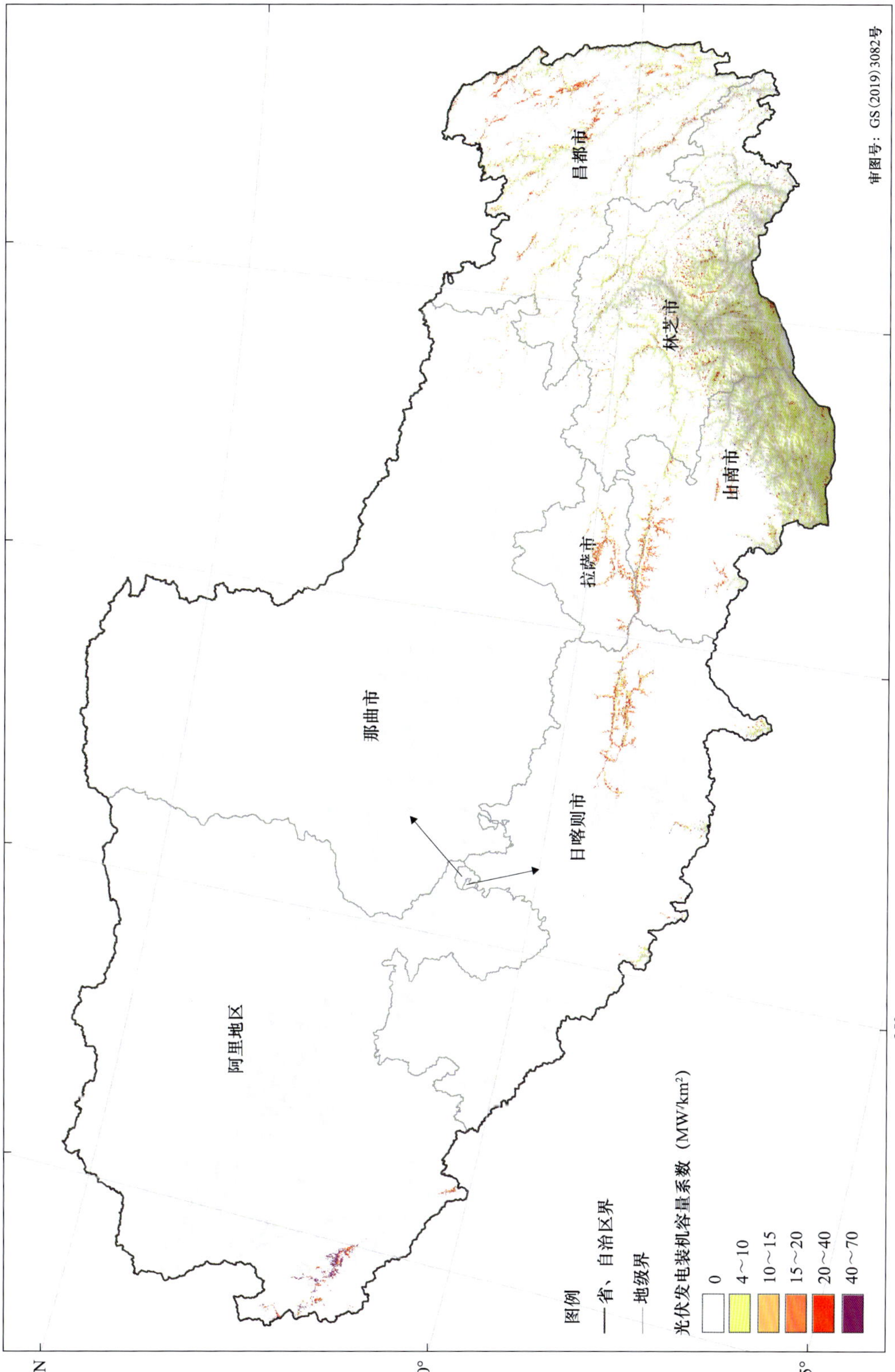

图 3.10　西藏自治区海拔 4000 m 以下光伏发电装机容量系数空间分布

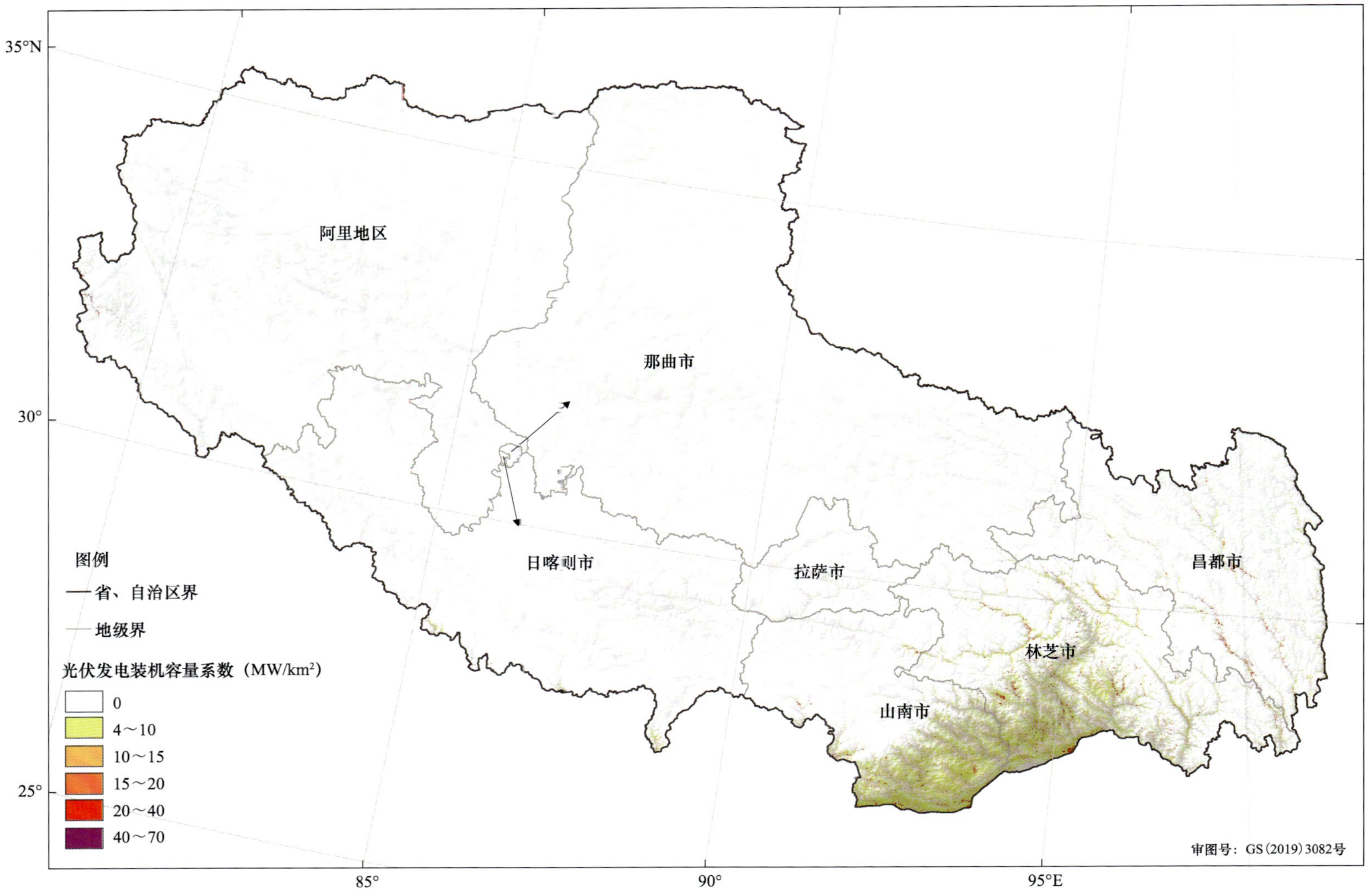

图 3.11 西藏自治区海拔 3500 m 以下光伏发电装机容量系数空间分布

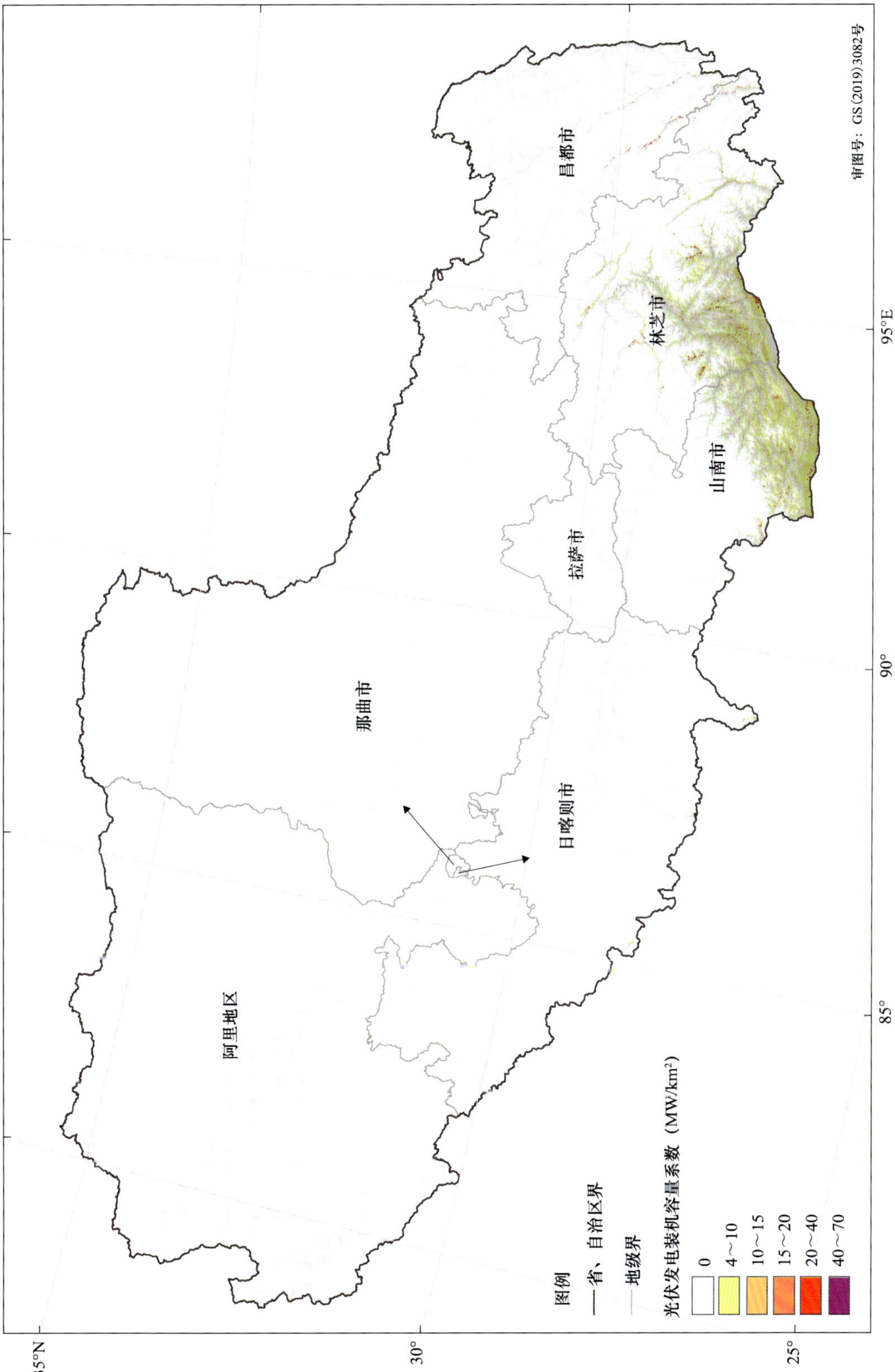

图 3.12　西藏自治区海拔 3000 m 以下光伏发电装机容量系数空间分布

表 3.10 西藏自治区不同海拔高度以下的光伏发电技术开发量

海拔高度(m)	5000	4500	4000	3500	3000
面积(万 km^2)	75.5	25.1	12.8	7.9	6.0
技术开发量(万 kW)	1202800	225861	34406	6331	3633

图 3.13 是将西藏自治区海拔高度 5000 m 以下的光伏发电装机容量系数和最佳斜面总辐照量叠加后的分布，反映全区光伏发电可开发区域的太阳能资源状况。从图中可以看出，拉萨、山南中北部、日喀则中东部、阿里西部是西藏光伏发电可开发区域中太阳能资源条件最好的区域，年最佳斜面总辐照量可达 2500 kW·h/m^2 左右；林芝尽管海拔高度较低，但太阳能资源条件在全区最为一般，年最佳斜面总辐照量仅在 1600 kW·h/m^2 左右。

表 3.11、表 3.12 分别是西藏全区及各市(地区)不同档级最佳斜面总辐射的技术开发量和技术开发面积统计结果。在此基础上，图 3.14、图 3.15 分别对比了全区不同档级最佳斜面总辐射的技术开发量和各市(地区)的技术开发量。从图和表中可以看出：

(1)西藏全区海拔高度 5000 m 以下的光伏发电技术开发量约为 120 亿 kW，技术开发面积约为 34 万 km^2，占全区面积的 27%，开发潜力巨大。

(2)从全区不同档级的太阳能资源分布看，西藏自治区可开发区域以最佳斜面总辐射在 2100～2500 kW·h/m^2 的区间为主，技术开发量约为 83 亿 kW，占全区的 69%；最佳斜面总辐射在 2500 kW·h/m^2 以上的技术开发量约为 20 亿 kW，占全区的 16%。

(3)从各市(地区)可开发区域对比看，那曲市最多，技术开发面积约为 12 万 km^2，技术开发量约为 42 亿 kW，占全区的 1/3；其次是阿里地区，技术开发面积约为 9.3 万 km^2，技术开发量约为 35 亿 kW，占全区的 29%；其他各市(地区)技术开发量共计 44 亿 kW，其中拉萨最少，技术开发量约为 2.6 亿 kW。

表 3.11 西藏自治区及各市(地区)海拔高度 5000 m 以下不同档级最佳斜面总辐射的技术开发量(万 kW)

市(地区)	最佳斜面总辐射(kW·h/m^2)												总计
	≤1600	1600～1700	1700～1800	1800～1900	1900～2000	2000～2100	2100～2200	2200～2300	2300～2400	2400～2500	2500～2600	>2600	
阿里地区						2856	16725	84209	66339	94186	50252	32697	347265
那曲市				988	15427	29454	97710	172999	94035	7582	4		418199
日喀则市							13919	40459	27086	43835	62421	21140	208859
拉萨市								32	4437	8451	12770		25691
山南市					352	444	552	1247	12177	21869	16482		53122
林芝市	482	10715	14739	17625	6033	3436	3198	1184	1124	248			58785
昌都市		34	2028	7834	27425	39070	12013	2476					90880
总计	482	10749	16766	26448	49238	75260	144115	302607	205199	176170	141929	53837	1202800

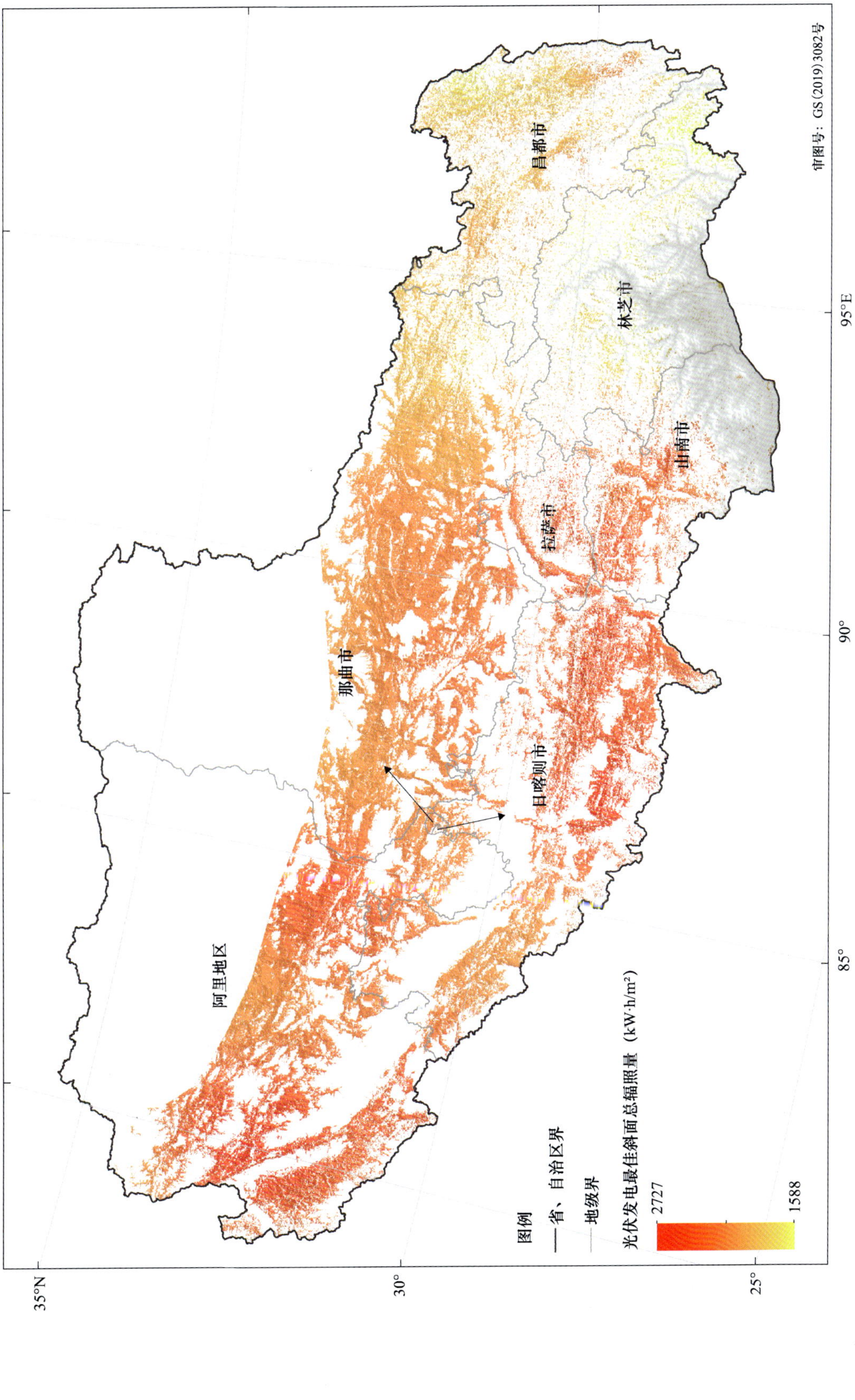

图 3.13　西藏自治区光伏发电可开发区域的太阳能资源状况

表 3.12 西藏自治区及各市(地区)海拔高度 5000 m 以下不同档级最佳斜面总辐射的技术开发面积(km^2)

市(地区)	最佳斜面总辐射($kW·h/m^2$)												总计
	≤1600	1600～1700	1700～1800	1800～1900	1900～2000	2000～2100	2100～2200	2200～2300	2300～2400	2400～2500	2500～2600	>2600	
阿里地区						687	4274	23155	18229	25811	12734	8851	93741
那曲市				377	5072	9114	27918	48303	26670	2178	1		119633
日喀则市							3940	11530	7735	12969	19430	6509	62113
拉萨市								9	1295	2643	4358		8305
山南市					96	144	139	314	3172	6764	5375		16004
林芝市	145	2251	3699	4249	1437	867	850	319	318	73			14208
昌都市		11	705	2395	8886	12631	3970	803					29401
总计	145	2262	4404	7021	15491	23443	41091	84433	57419	50438	41898	15360	343405

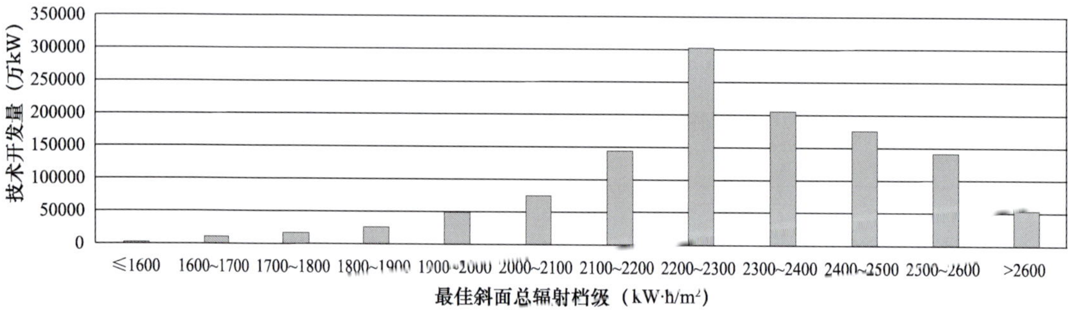

图 3.14 西藏自治区不同档级最佳斜面总辐射光伏发电技术开发量对比

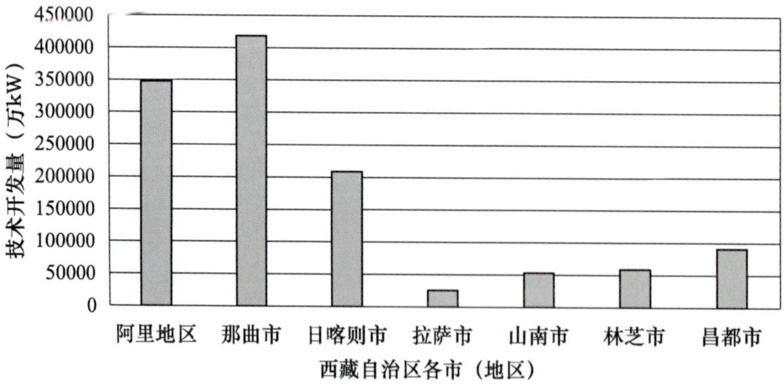

图 3.15 西藏自治区各市(地区)光伏发电技术开发量对比

3.2.3　优先开发区

综上所述，西藏自治区光伏发电太阳能资源开发潜力巨大，在当前技术和社会经济条件下，可从中挑选最合适的区域优先开发。书中从太阳能资源角度，将图3.13可开发区域中最佳斜面总辐射在2500 kW·h/m^2以上的地区列为优先开发区，可在综合考虑施工条件、并网和消纳条件等的基础上优先开发。经统计，西藏自治区光伏发电优先开发区的面积约为5.7万km^2，技术开发量约为20亿kW，占全区总技术开发量的16%，具体分布如图3.16所示：

——拉萨市中南部，包括堆龙德庆县、尼木县、曲水县、达孜县、林周县、墨竹工卡县等；

——山南市中部和西部，包括隆子县、浪卡子县、贡嘎县等；

——日喀则市中东部，包括昂仁县、拉孜县、白朗县、仁布县、江孜县、萨迦县、定日县、定结县、康马县等；

——阿里西部，包括葛尔县、普兰县。

3.3　年际变化

3.3.1　全区平均年际变化

本节利用格点数据对西藏地区近30年(1991—2020年)整体太阳能资源状况进行评估分析。从年际变化来看，西藏地区太阳能资源近30年来整体呈现波动减少的趋势，各要素减少的幅度有差异：

(1)日照时数平均减少幅度为45.58 h/10a，最大值为2009年的2782.14 h，最小值为2020年的2463.04 h(图3.17)。

(2)日照百分率平均减少幅度为0.44%/10a，最大值为60%，最小值为57%(图3.18)。

(3)水平面总辐射平均减少幅度为14.01 (kW·h/m^2)/10a，最大值为1994年的1843.33 kW·h/(m^2·a)，最小值为2019年的1738.32 kW·h/(m^2·a)(图3.19)。

(4)最佳斜面总辐射平均减少幅度为15.91 (kW·h/m^2)/10a，最大值为2013年的2094.34 kW·h/m^2，最小值为2019年的1953.44 kW·h/m^2(图3.20)。

3.3.2　典型站点年际变化

选取昌都、狮泉河、拉萨、那曲4个国家级辐射观测站作为典型站点分析其近30年(1991—2020年)太阳能资源年际变化状况。

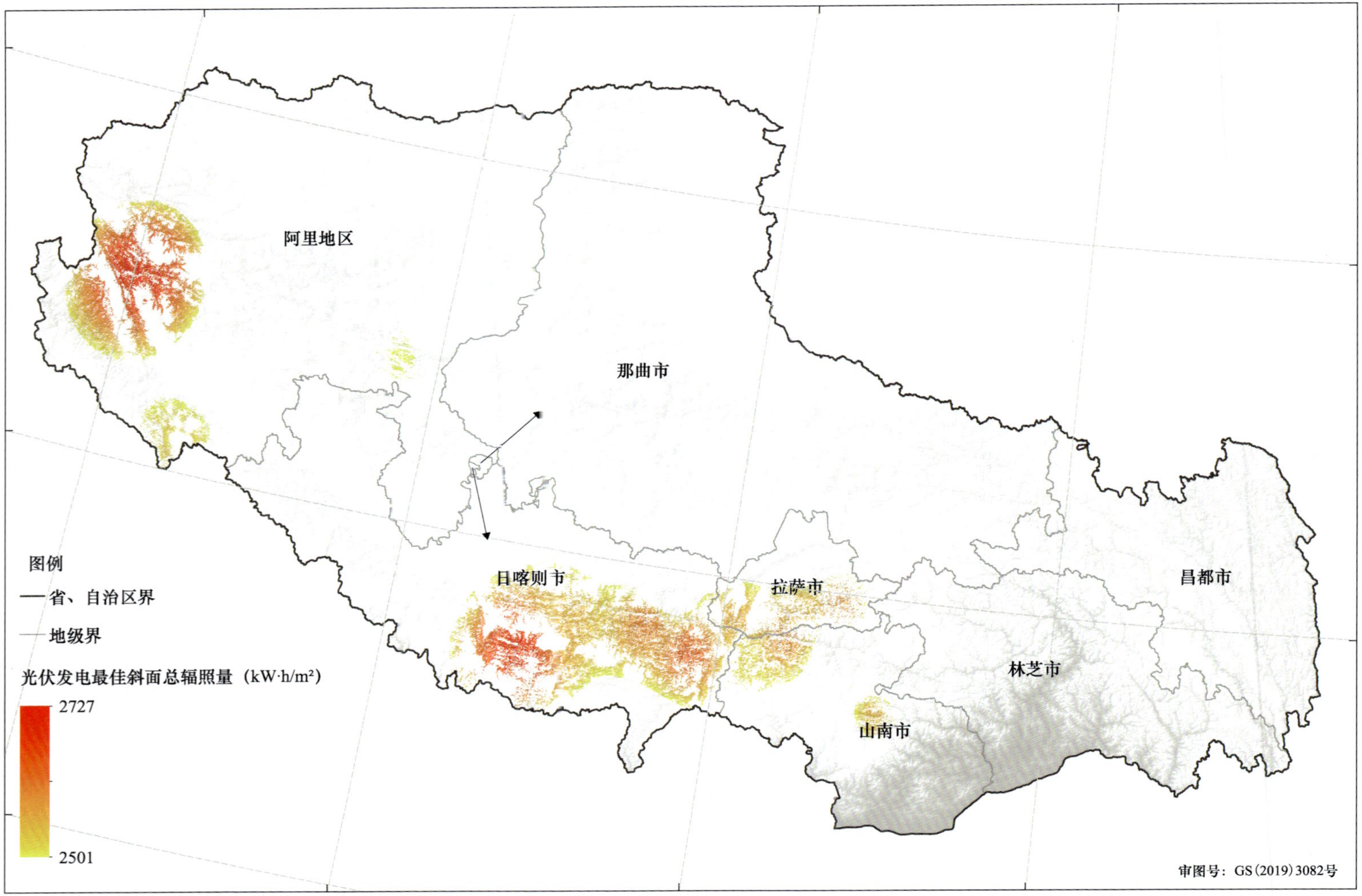

图 3.16　西藏自治区光伏发电优先开发区

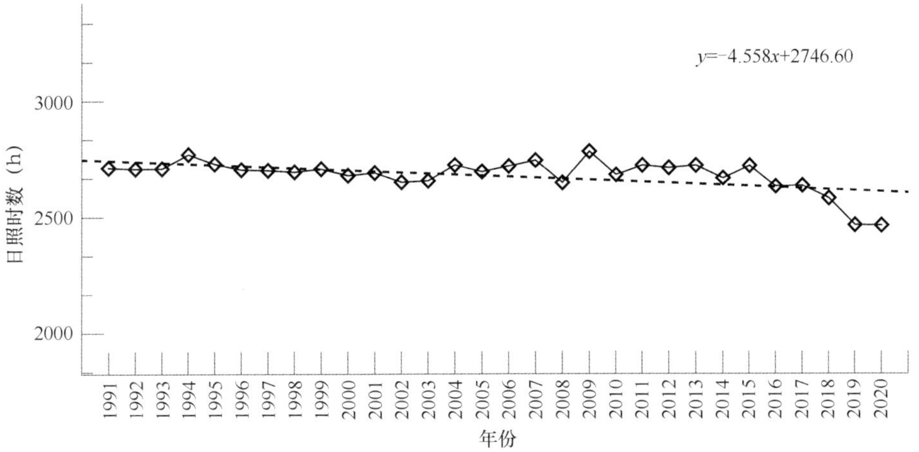

图 3.17　西藏自治区近 30 年(1991—2020 年)日照时数变化曲线

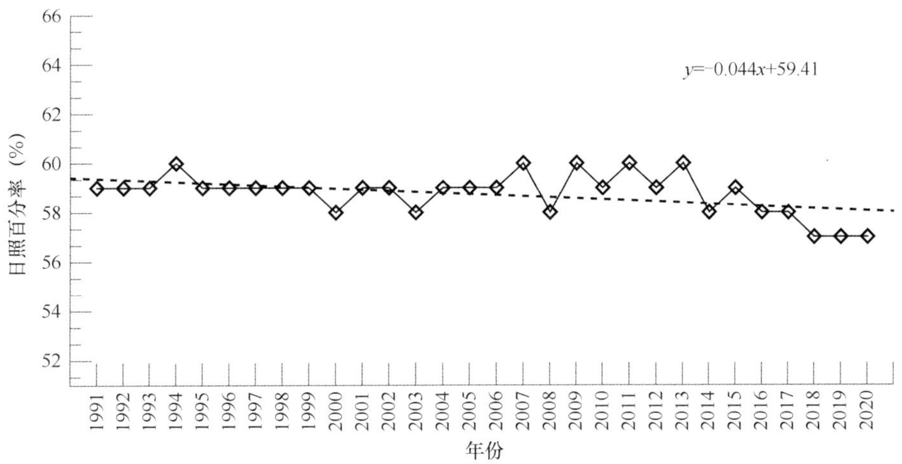

图 3.18　西藏自治区近 30 年(1991—2020 年)日照百分率变化曲线

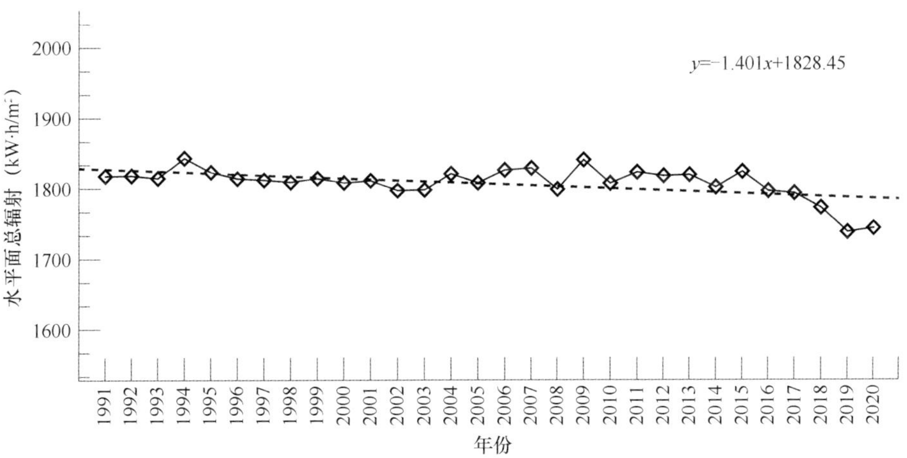

图 3.19　西藏自治区近 30 年(1991—2020 年)水平面总辐射变化曲线

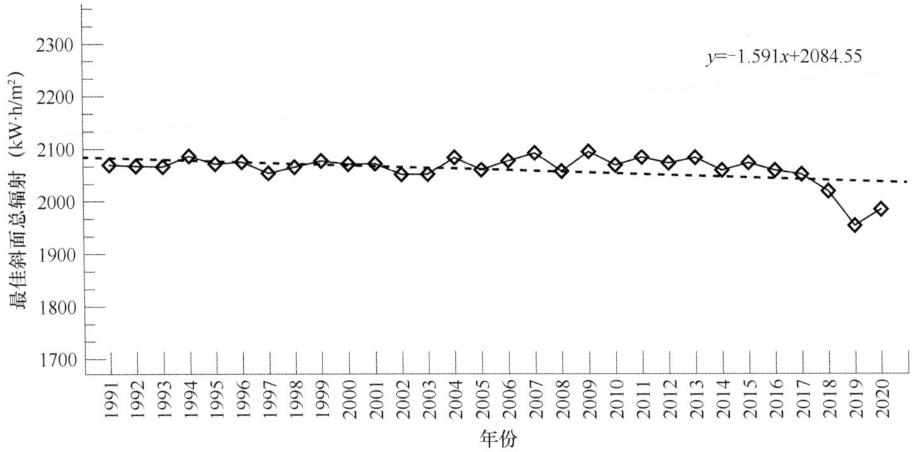

图 3.20　西藏自治区近 30 年(1991—2020 年)最佳斜面总辐射变化曲线

3.3.2.1　昌都站

从年际变化来看，昌都站太阳能资源近 30 年来整体呈现波动上升的趋势，各要素变化的幅度有差异：

(1)日照时数平均增加幅度为 54.25 h/10a，最大值为 2015 年的 2597.70 h，最小值为 1993 年的 2243.00 h(图 3.21)。

(2)日照百分率平均增加幅度为 0.43%/10a，最大值为 2015 年的 63%，最小值为 2019 年、2020 年的 53%(图 3.22)。

(3)水平面总辐射平均增加幅度为 21.78 (kW·h/m²)/10a，最大值为 2015 年的 1807.29 kW·h/m²，最小值为 1993 年的 1655.83 kW·h/m²(图 3.23)。

(4)最佳斜面总辐射平均增加幅度为 31.02 (kW·h/m²)/10a，最大值为 2015 年的 2066.38 kW·h/m²，最小值为 1997 年的 1892.69 kW·h/m²(图 3.24)。

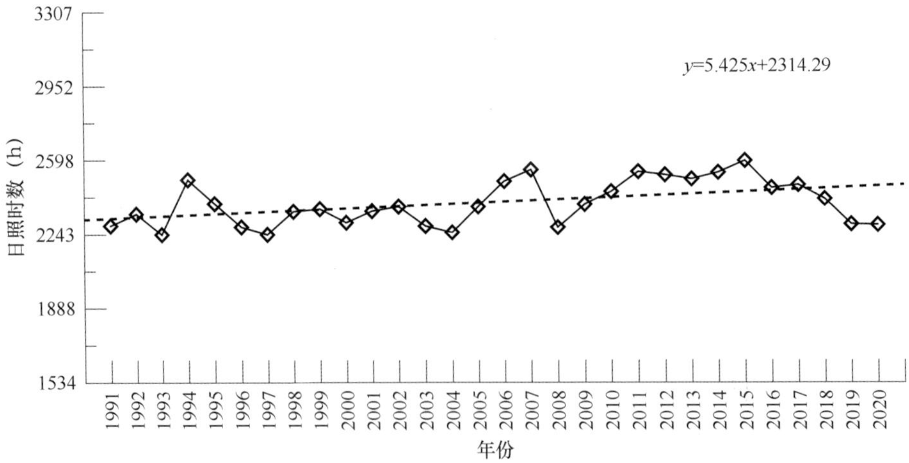

图 3.21　昌都站近 30 年(1991—2020 年)日照时数变化曲线

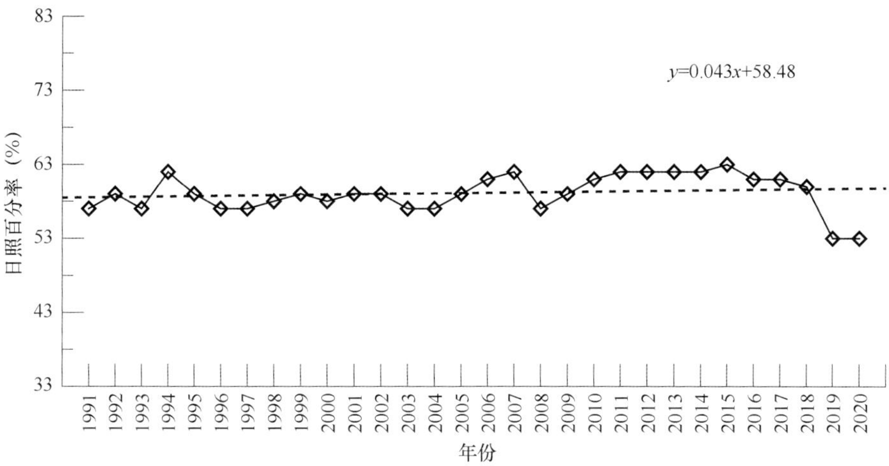

图 3.22　昌都站近 30 年(1991—2020 年)日照百分率变化曲线

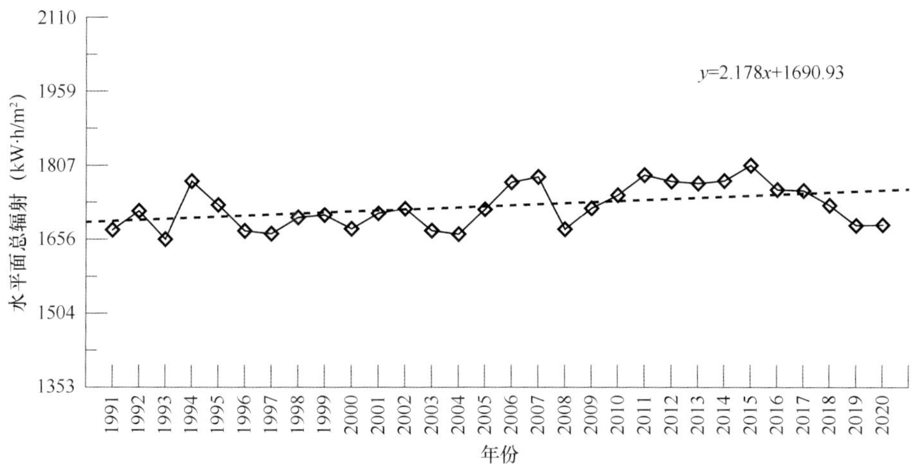

图 3.23　昌都站近 30 年(1991—2020 年)水平面总辐射变化曲线

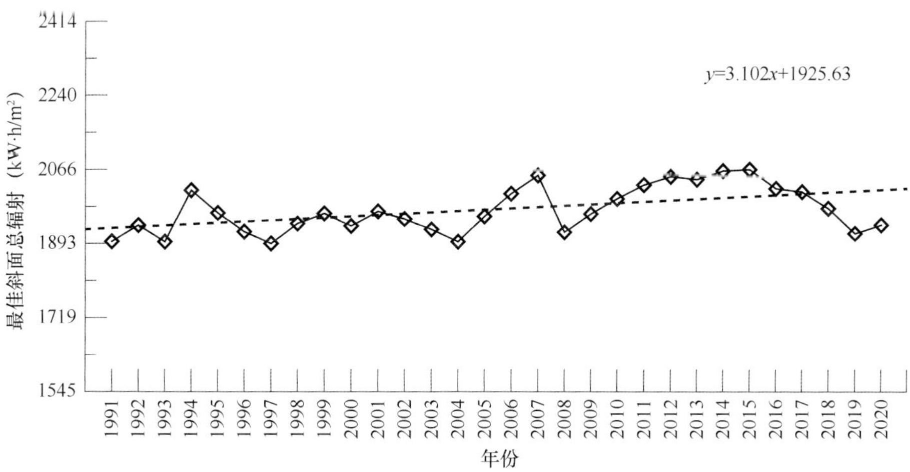

图 3.24　昌都站近 30 年(1991—2020 年)最佳斜面总辐射变化曲线

3.3.2.2　狮泉河站

从年际变化来看，狮泉河站太阳能资源近30年来整体呈现波动下降的趋势，各要素变化的幅度有差异：

(1)日照时数平均减少幅度为169.78 h/10a，最大值为1991年的3739.80 h，最小值为2019年的3015.70 h(图3.25)。

(2)日照百分率平均减少幅度为1.8%/10a，最大值为1998年的78%，最小值为2018年的67%(图3.26)。

(3)水平面总辐射平均减少幅度为63.55 (kW·h/m^2)/10a，最大值为1991年的2237.99 kW·h/m^2，最小值为2019年的1977.48 kW·h/m^2(图3.27)。

(4)最佳斜面总辐射平均减少幅度为76.40 (kW·h/m^2)/10a，最大值为1991年的2602.03 kW·h/m^2，最小值为2019年的2258.69 kW·h/m^2(图3.28)。

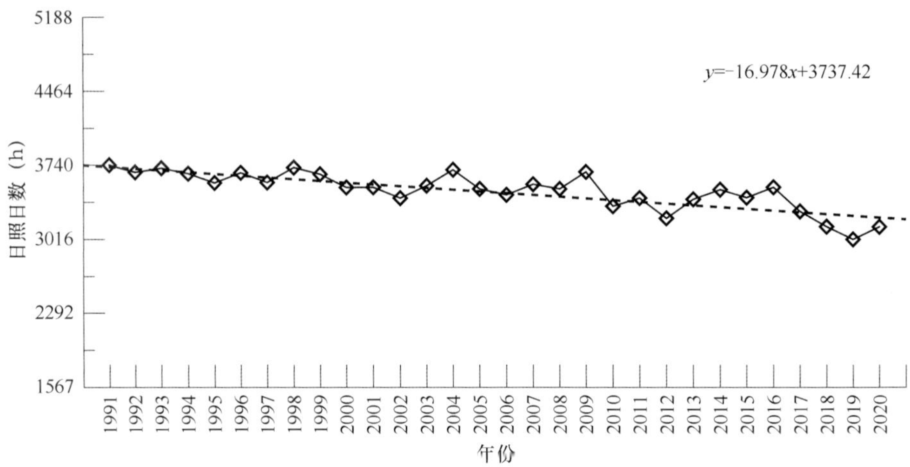

图3.25　狮泉河站近30年(1991—2020年)日照时数变化曲线

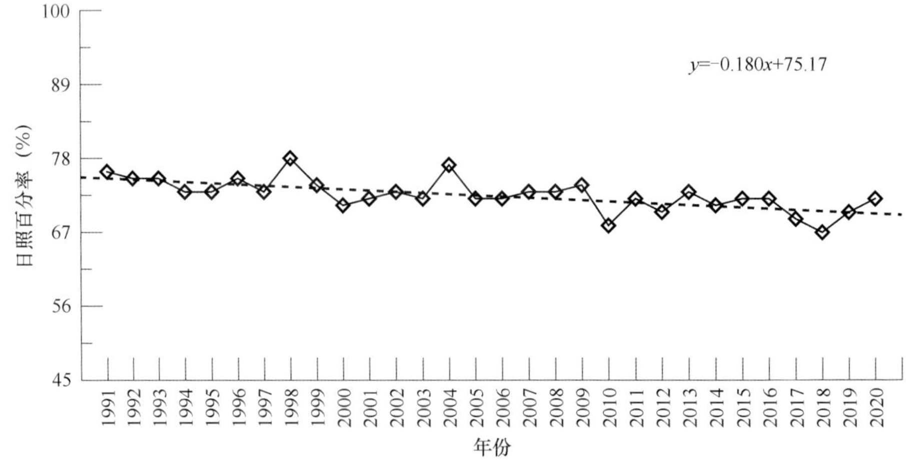

图3.26　狮泉河站近30年(1991—2020年)日照百分率变化曲线

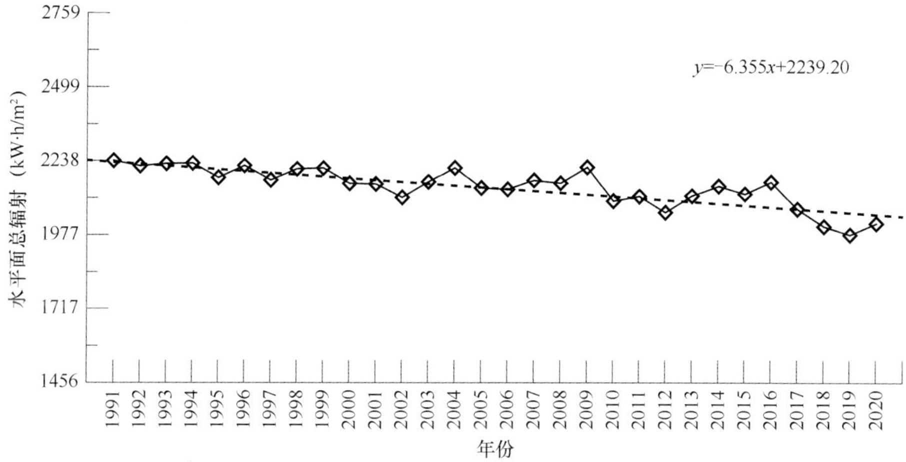

图 3.27　狮泉河站近30年(1991—2020年)水平面总辐射变化曲线

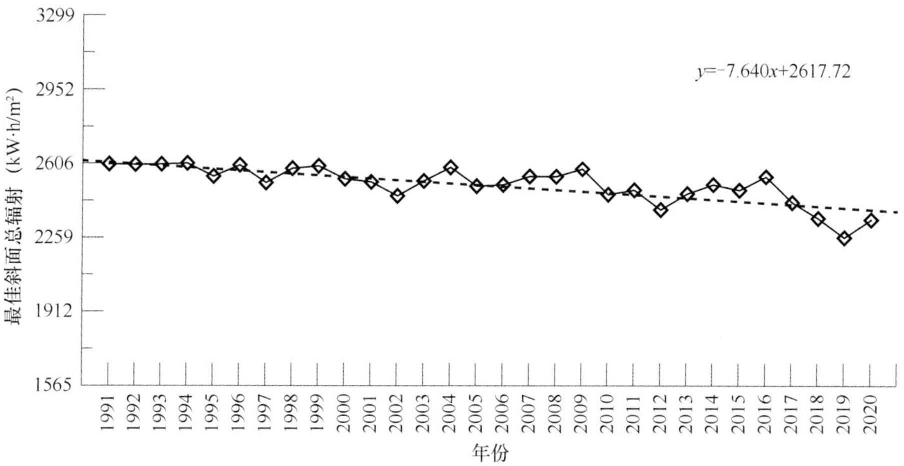

图 3.28　狮泉河站近30年(1991—2020年)最佳斜面总辐射变化曲线

3.3.2.3　拉萨站

从年际变化来看，拉萨站太阳能资源近30年来整体呈现波动上升的趋势，各要素变化的幅度有差异：

(1)日照时数平均增加幅度为52.12 h/10a，最大值为2009年的3245.20 h，最小值为2000年的2672.90 h(图3.29)。

(2)日照百分率平均增加幅度为0.86%/10a，最大值为2009年的72%，最小值为2000年的64%(图3.30)。

(3)水平面总辐射平均增加幅度为16.07 (kW·h/m²)/10a，最大值为2009年的2139.44 kW·h/m²，最小值为2000年的1975.18 kW·h/m²(图3.31)。

(4)最佳斜面总辐射平均增加幅度为25.39 (kW·h/m²)/10a，最大值为2009年的2448.16 kW·h/m²，最小值为2000年的2276.14 kW·h/m²(图3.32)。

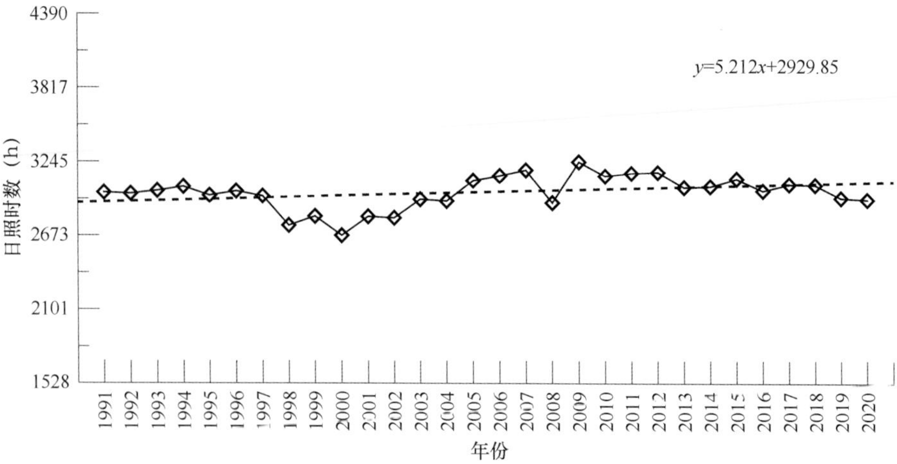

图 3.29　拉萨站近 30 年(1991—2020 年)日照时数变化曲线

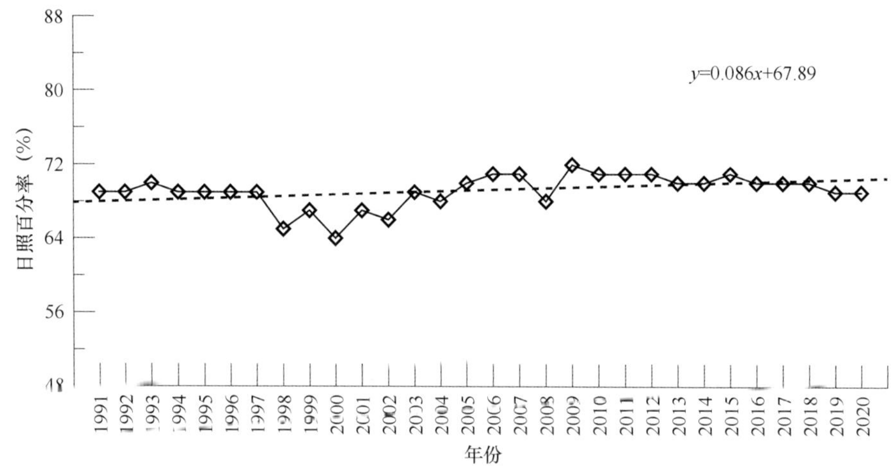

图 3.30　拉萨站近 30 年(1991—2020 年)日照百分率变化曲线

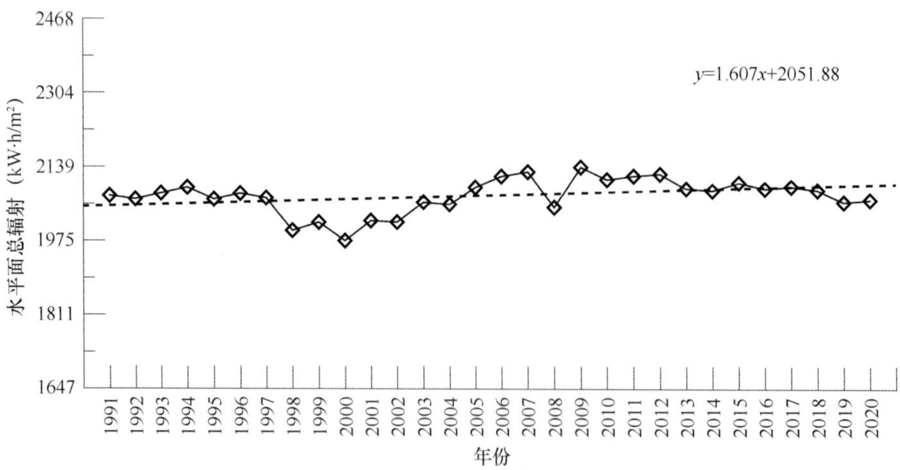

图 3.31　拉萨站近 30 年(1991—2020 年)水平面总辐射变化曲线

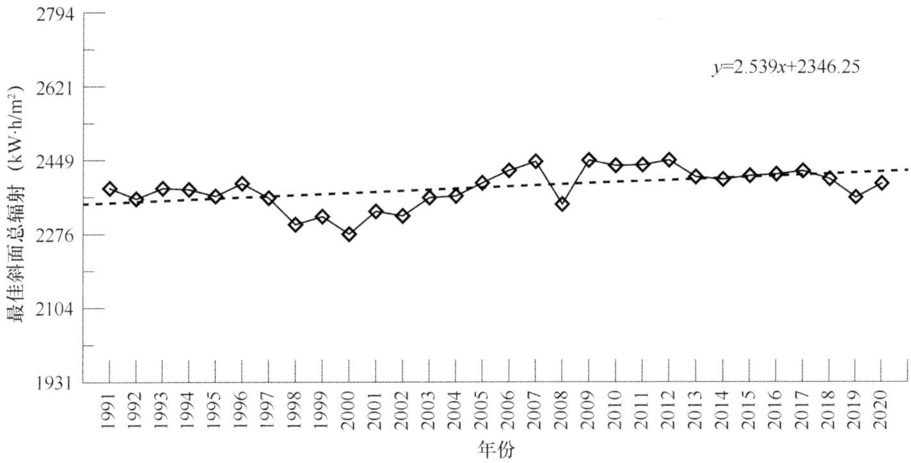

图 3.32　拉萨站近 30 年(1991—2020 年)最佳斜面总辐射变化曲线

3.3.2.4　那曲站

从年际变化来看，那曲站太阳能资源近 30 年来整体呈现波动上升的趋势，各要素变化的幅度有差异：

(1)日照时数平均增加幅度为 8.25 h/10a，最大值为 2015 年的 2878.80 h，最小值为 2008 年的 2435.00 h(图 3.33)。

(2)日照百分率平均增加幅度为 1.63%/10a，最大值为 2019 年的 57%，最小值为 2008 年的 45%(图 3.34)。

(3)水平面总辐射平均增加幅度为 2.58 (kW · h/m^2)/10a，最大值为 2015 年的 1866.77 kW · h/m^2，最小值为 2008 年的 1718.49 kW · h/m^2(图 3.35)。

(4)最佳斜面总辐射平均增加幅度为 11.24 (kW · h/m^2)/10a，最大值为 2015 年的 2111.20 kW · h/m^2，最小值为 2019 年的 1895.33 kW · h/m^2(图 3.36)。

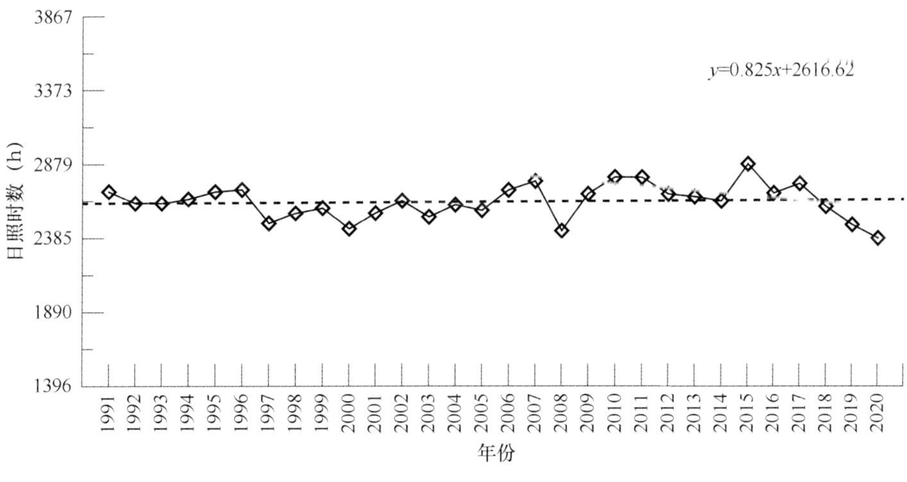

图 3.33　那曲站近 30 年(1991—2020 年)水平面总辐射变化曲线

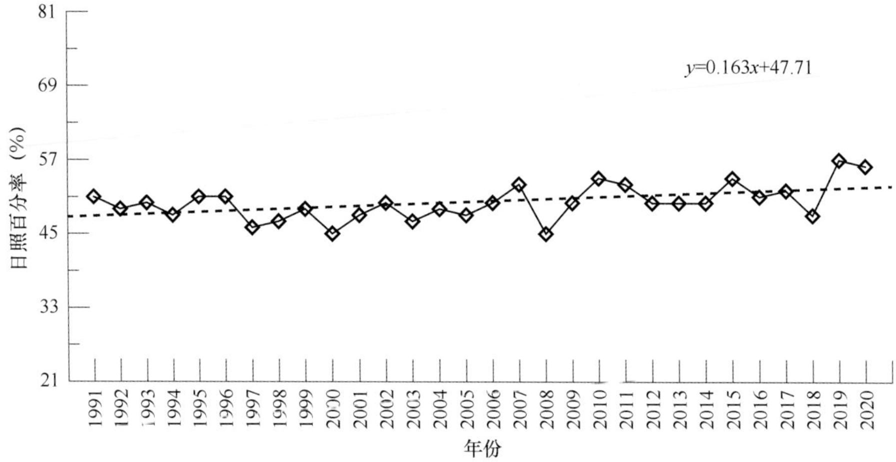

图 3.34　那曲站近 30 年(1991—2020 年)日照百分率变化曲线

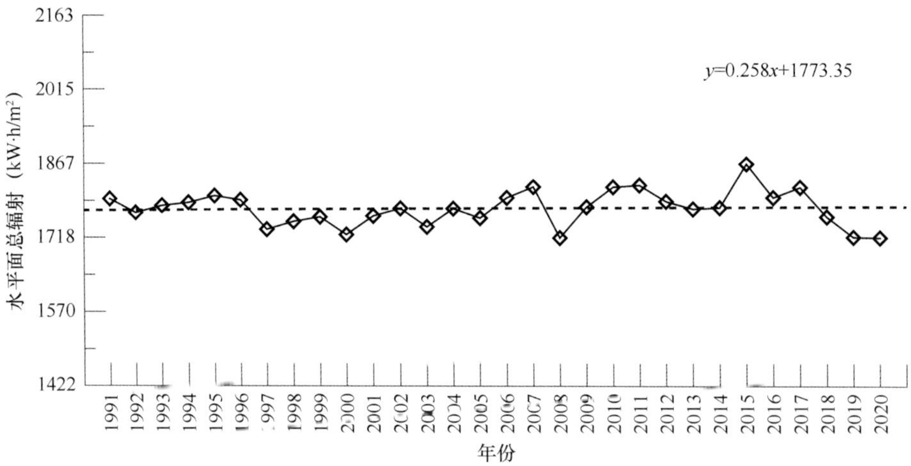

图 3.35　那曲站近 30 年(1991—2020 年)水平面总辐射变化曲线

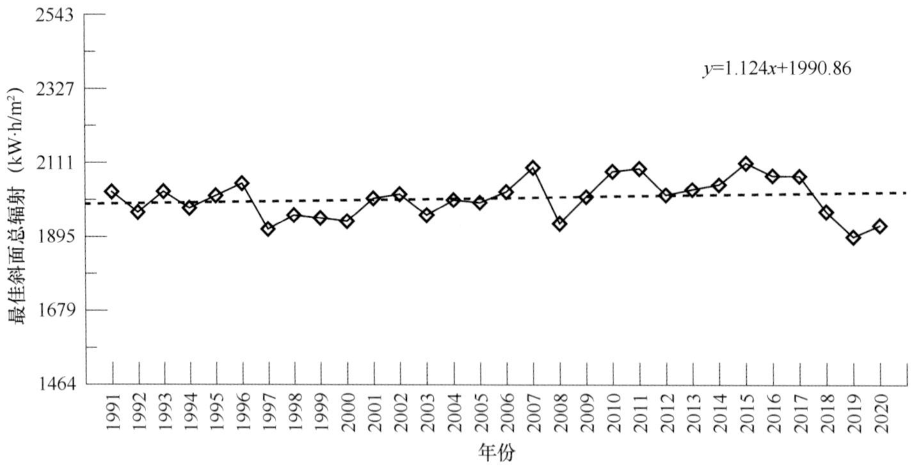

图 3.36　那曲站近 30 年(1991—2020 年)最佳斜面总辐射变化曲线

第 4 章 影响西藏自治区太阳能利用的主要气象因素

太阳能发电“靠天吃饭”，在获取太阳辐射能量时必然会受到各种气象因素的影响。这种影响大致可以分为三类，一是对地面太阳辐射的影响，如云、气溶胶、水汽、大气成分等，通过削弱太阳辐射使太阳能设备获取的能量减少，从太阳能资源评价的角度而言，此类影响实际上已反映在地面太阳辐射量的变化上，其对太阳能利用的影响是间接的；二是对太阳能利用效率的影响，如沙尘、高温、积雪等，通过改变设备的清洁程度或光电转换效率降低太阳能利用效率；三是对太阳能利用设备安全的影响，如大风、强降水、雷暴、冰雹、冻土等，可能损坏能量转换器件或相关配套设备，造成安全事故。后两种影响对太阳能利用都是直接的。

4.1 影响地面太阳辐射的主要气象因素

影响地面太阳辐射的因素除太阳自身的变化外，地球上主要有两类：一是地理因素，包括纬度和海拔，在没有大气层存在的情况下，地面太阳辐射随纬度的降低和海拔的升高而增大；二是气象因素，主要包括云、气溶胶、水汽和大气成分等。

4.1.1 云

云通过反射和吸收作用削弱到达地面的太阳辐射。图 4.1 是西藏自治区年平均总云量的空间分布，从图中分布并结合统计数据可以得出：

(1)西藏自治区总云量的分布特征与水平面总辐射基本相反，总的来说西部少于东部，总体而言，云是影响地面太阳辐射空间分布的首要气象因素。西藏自治区多年平均的总云量约为 46%。

(2)阿里地区、日喀则市(除聂拉木县、帕里镇外)等地是西藏的少云区，多年平均总云量在 40%以下，极小值出现在日喀则市的南木林县和定日县，仅有 33%。

(3)林芝市大部分地区、昌都市西部、那曲市东部、山南市西部、拉萨市北部、日喀则市东南部等地是西藏自治区的多云区，多年平均总云量在 50%以上，极大值出现在林芝县，达到 69%。

(4)除上述区域之外，西藏自治区其他地区多年平均总云量为 40%～50%。

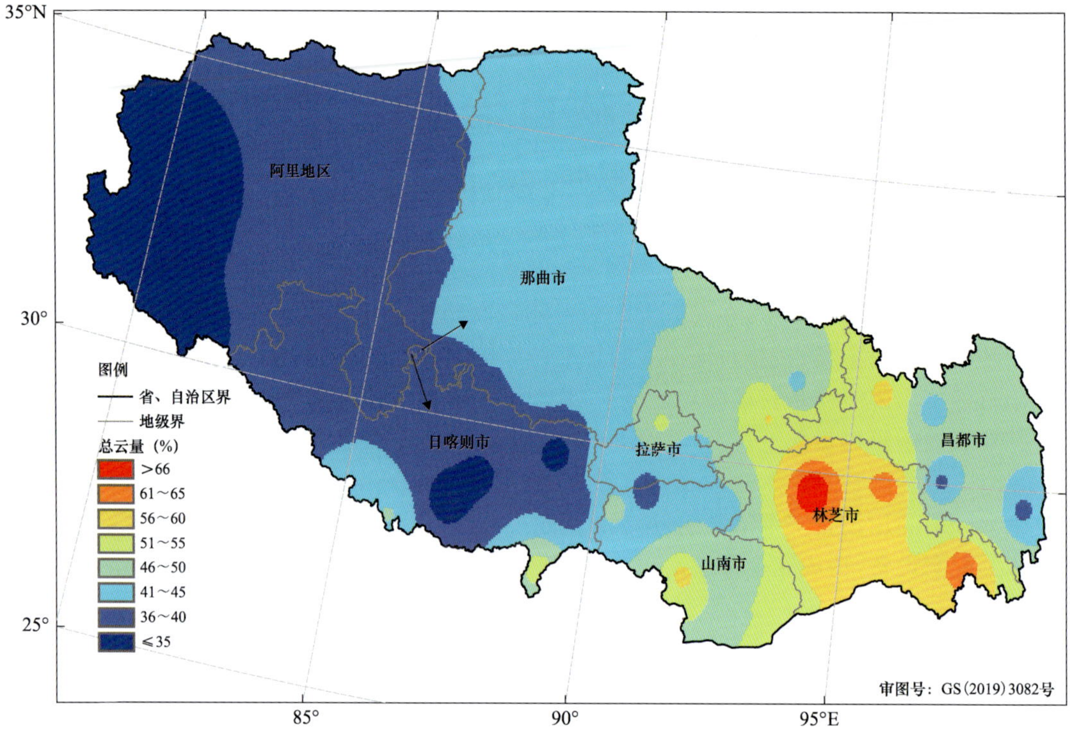

图 4.1　西藏自治区年平均总云量空间分布

4.1.2　气溶胶

大气中的气溶胶颗粒通过散射和吸收作用削弱到达地面的太阳辐射。在地面气象站的观测要素中，能见度与卫星反演的气溶胶光学厚度有较好的负相关关系，能在一定程度上反映大气的浑浊程度。图 4.2 给出了西藏自治区年平均 14 时能见度的空间分布，从图中分布并结合统计数据可以得出：

（1）西藏自治区 14 时能见度的总体分布特征为西部高东部低，与水平面总辐射的空间分布较为一致，说明气溶胶是影响地面太阳辐射的重要因素。西藏自治区多年平均的 14 时能见度约为 37 km。

（2）阿里地区、山南市西北部、日喀则市东北部、昌都市西北部、那曲市中北部为西藏自治区 14 时能见度的高值区，多年平均值在 40 km 以上，阿里地区西部超过 60 km。

（3）日喀则市南部为西藏自治区 14 时能见度的低值区，多年平均值在 30 km 以下，日喀则市亚东县帕里镇最低，为 23 km。

（4）除上述区域之外，西藏其他地区多年平均的 14 时能见度为 30～40 km。

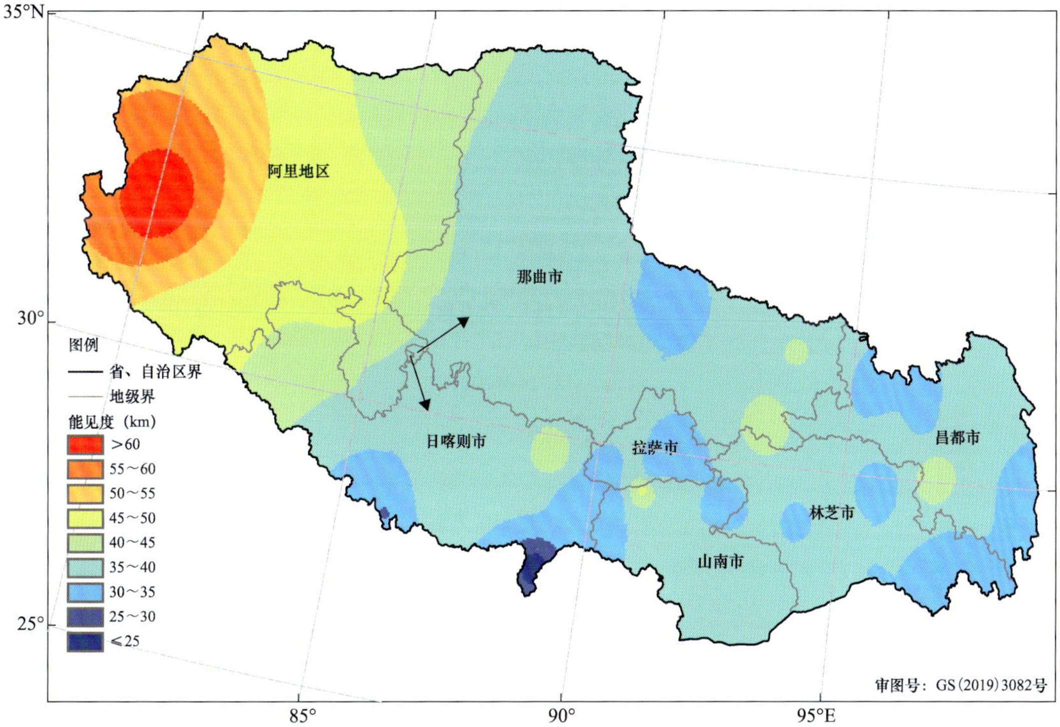

图 4.2　西藏自治区年平均 14 时能见度空间分布

4.1.3　水汽

大气中的水汽通过吸收和散射作用削弱到达地面的太阳辐射。在地面气象站的观测要素中，相对湿度能够在一定程度上反映大气中的水汽含量。图 4.3 给出了西藏自治区年平均相对湿度的空间分布，从图中分布并结合统计数据可以得出：

（1）西藏自治区年平均相对湿度总体呈自西向东递增的分布规律，与水平面总辐射的空间分布有较好的负相关关系，说明水汽是影响地面太阳辐射的重要因素。西藏自治区多年平均的相对湿度为 52％。

（2）阿里地区、那曲市西部、日喀则市大部、拉萨市中南部、山南市西北部、昌都市西部是西藏自治区相对湿度的低值区，平均值低于 50％，极低值出现在阿里地区狮泉河镇，仅有 33％。

（3）日喀则市南部、山南市西部、林芝市大部为西藏自治区相对湿度的高值区，多年平均值在 65％以上，极大值出现在山南市错那县，达到 75％。

（4）除上述区域之外，西藏自治区其他地区多年平均相对湿度为 51％～64％。

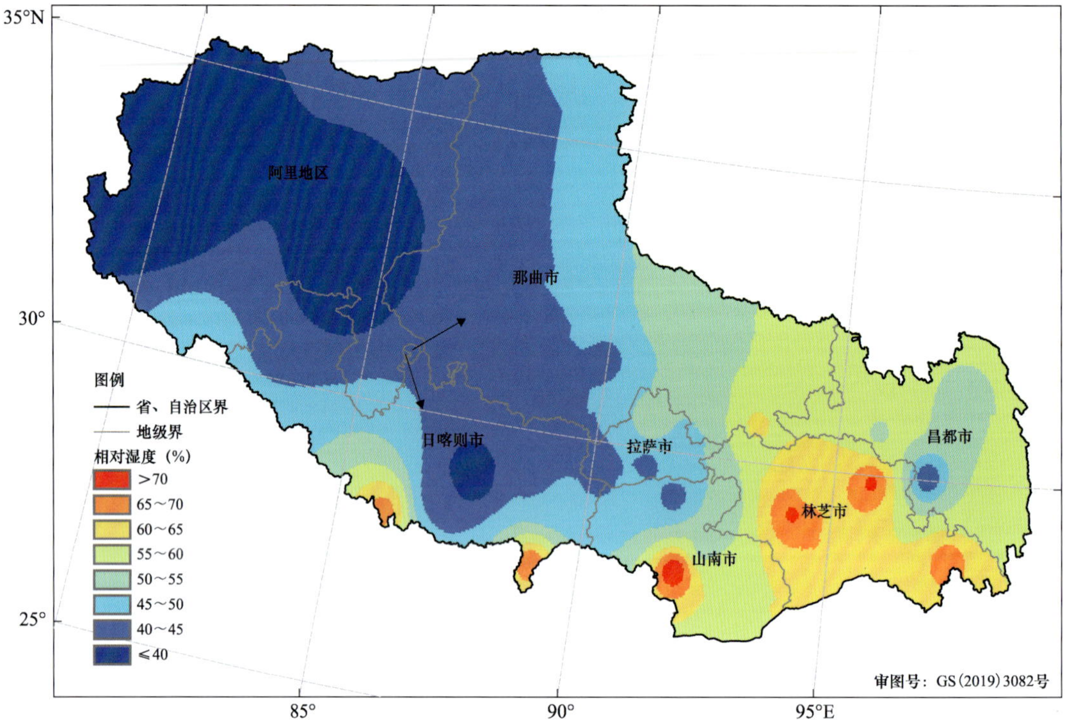

图 4.3　西藏自治区年平均相对湿度空间分布

4.1.4　大气成分

不同的大气成分，如 O_3、CO_2、惰性气体等在不同光谱波段吸收太阳辐射，其中 O_3 吸收 400 nm 以下的紫外辐射，对地面太阳辐射（300～3000 nm）有一定削弱作用。图 4.4 是采用 NASA 网站（http://mirador.gsfc.nasa.gov）所提供的 OMI 卫星资料 2005—2019 年平均 O_3 含量格点数据得到的空间分布，从图中分布并结合统计数据可以得出：

（1）西藏自治区 O_3 含量总体上由北向南递减分布，与水平面总辐射空间分布的相关一致性很弱，说明臭氧对于地面太阳辐射的影响较小。西藏自治区平均的 O_3 含量柱浓度约为 269 DU①。

（2）西藏自治区西北部包括阿里地区北部、那曲市北部是西藏 O_3 含量高值区域，多年平均柱浓度在 275 DU 以上。

（3）西藏自治区南部包括日喀则市南部、山南市中部是西藏 O_3 含量低值区域，多年平均柱浓度在 260 DU 以下。

以上仅以 O_3 为例说明大气成分对地面太阳辐射的影响及其空间分布，其他如 CO_2 等也对太阳辐射有一定削弱作用，但由于此类影响相对于云、气溶胶和水汽是一个小量，这里不再赘述。

① 1 DU 表示标准大气状态下臭氧累积厚度为 0.01 mm。

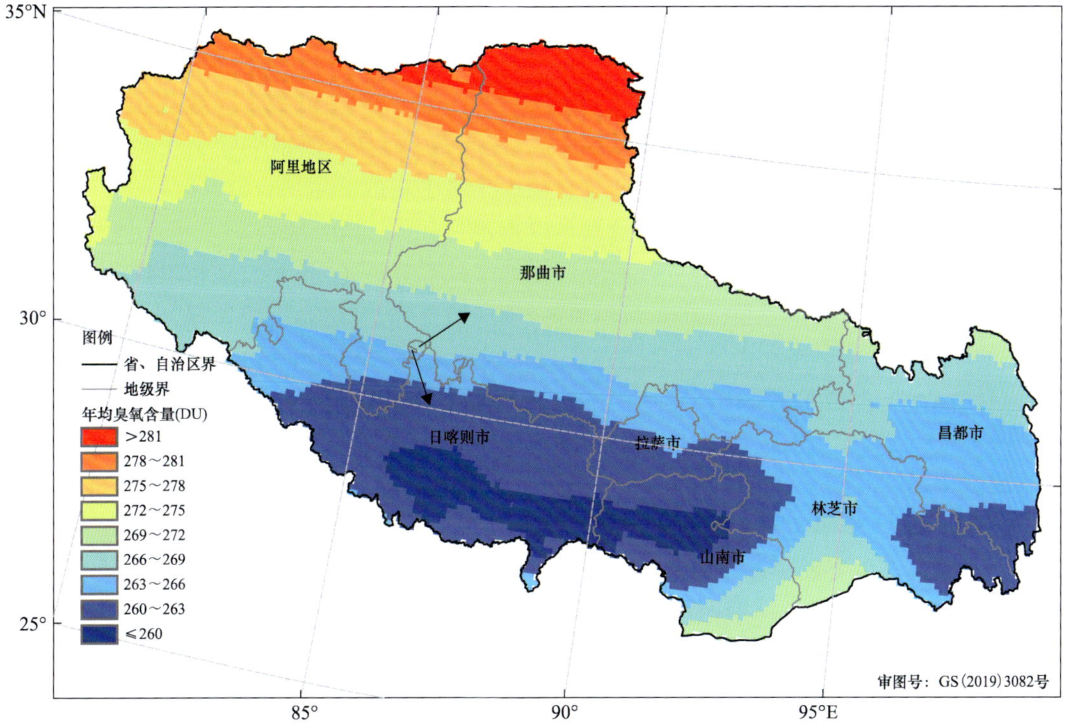

图 4.4　西藏自治区年平均 O_3 含量空间分布

以上分析表明，在西藏自治区气象影响因素中，云对于地面太阳辐射的影响是主要的，其次是水汽和气溶胶，大气成分的影响相对较小。关于这些因素对地面太阳辐射的定量影响，是大气科学领域一个重要且长期的研究方向，可通过国内外相关研究成果进行了解。

4.2　影响太阳能利用效率的主要天气现象

太阳能利用设备的能量转换效率都是在一定的环境气象条件下测定的，如光伏电池能量转换效率的标准测试条件是大气质量 AM1.5、辐照度 1000 W/m^2、温度 25℃，此外，光伏组件的表面也应是清洁的。当光伏发电设备放置在室外，环境气象条件发生改变时，其能量转换效率也会发生明显变化，最终影响发电量。

在中国区域，影响太阳能利用设备清洁程度的主要天气现象包括沙尘天气等，高温天气、积雪天气对光伏发电转换效率的影响也比较明显。

4.2.1　沙尘天气

沙尘天气是对太阳能利用影响的重要灾害性天气。一方面大气中的沙尘会削弱到达地面的太阳辐射；另一方面沉降在太阳能发电设备表面的沙尘会显著降低发电量，如要清洗，则会增加成本；此外，细小的沙尘颗粒还可能加大太阳能发电配套设备的磨损，缩短其使用寿命。在中国区域，由于沙尘天气的频发区与太阳能资源丰富区基本重合，使得这种影响更加突出。

气象观测时，按照沙尘天气的强度及其对能见度的影响将其分为沙尘暴、扬沙和浮尘天气。沙尘暴指由于强风将地面大量沙尘吹起，使空气相当混浊，水平能见度小于 1.0 km 的天气现象；扬沙指由于风大将地面尘沙吹起，使空气相当混浊，水平能见度大于等于 1.0 km 至小于 10.0 km 的天气现象；浮尘指尘土、细沙均匀地浮游在空中，使水平能见度小于 10.0 km 的天气现象。图 4.5～4.7 分别给出了西藏自治区多年平均的沙尘暴日数、扬沙日数和浮尘日数的空间分布，从图中分布并结合统计数据可以得出：

(1)西藏自治区的三类沙尘天气现象除阿里地区外不算严重，扬沙天气相对较多。扬沙天气和沙尘暴天气的频发区主要分布在阿里地区、那曲市南部、日喀则市中东部、山南市北部，浮尘天气的频发区主要分布在山南市北部。

(2)扬沙天气主要发生在阿里地区大部分区域，以及那曲市南部、日喀则市中部、山南市北部，超过 10 d，极大值出现在阿里地区狮泉河镇，达到 40 d。

(3)沙尘暴相对频发区位于阿里地区、那曲市、日喀则市、山南市北部，极大值出现在阿里地区狮泉河镇，为 12 d，其他大部分地区偶发沙尘暴天气，林芝市多年未发生过沙尘暴天气。

(4)浮尘天气主要发生在拉萨市中南部、山南市北部、阿里地区等，发生天数较少，极大值出现在山南市贡嘎县，为 1.8 d，绝大部分地区发生天数小于 1 d。

根据近年来中国西部地区光伏电站的运行经验，光伏组件表面的灰尘覆盖可能造成 30% 左右的发电量衰减。由此，可简单根据某地区沙尘天气发生的日数估算其对发电量的最低影响(假定及时清洗，一天的沙尘天气仅影响一天的发电量，无沙尘天气时发电量不受影响)，以阿里地区的狮泉河镇为例，全年沙尘天气发生日数为 53 d，则其对光伏发电影响的折减系数大约为 $100\%-(53\times70\%+312\times100\%)/365\approx4.4\%$

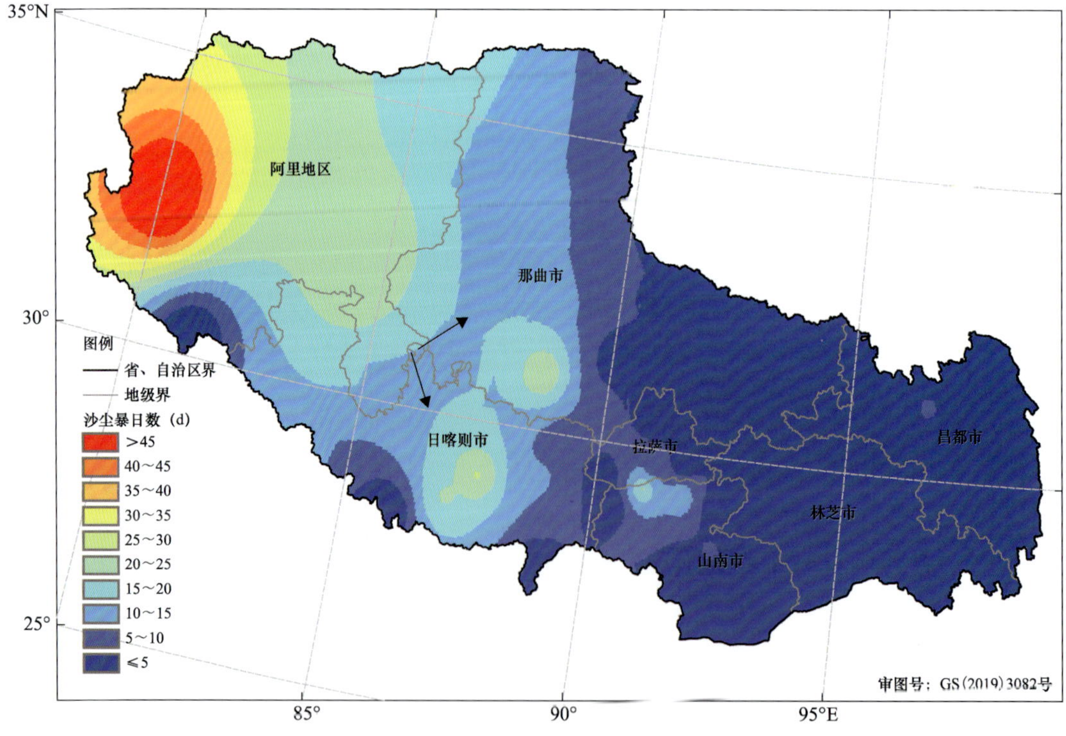

图 4.5　西藏自治区沙尘暴天气日数空间分布

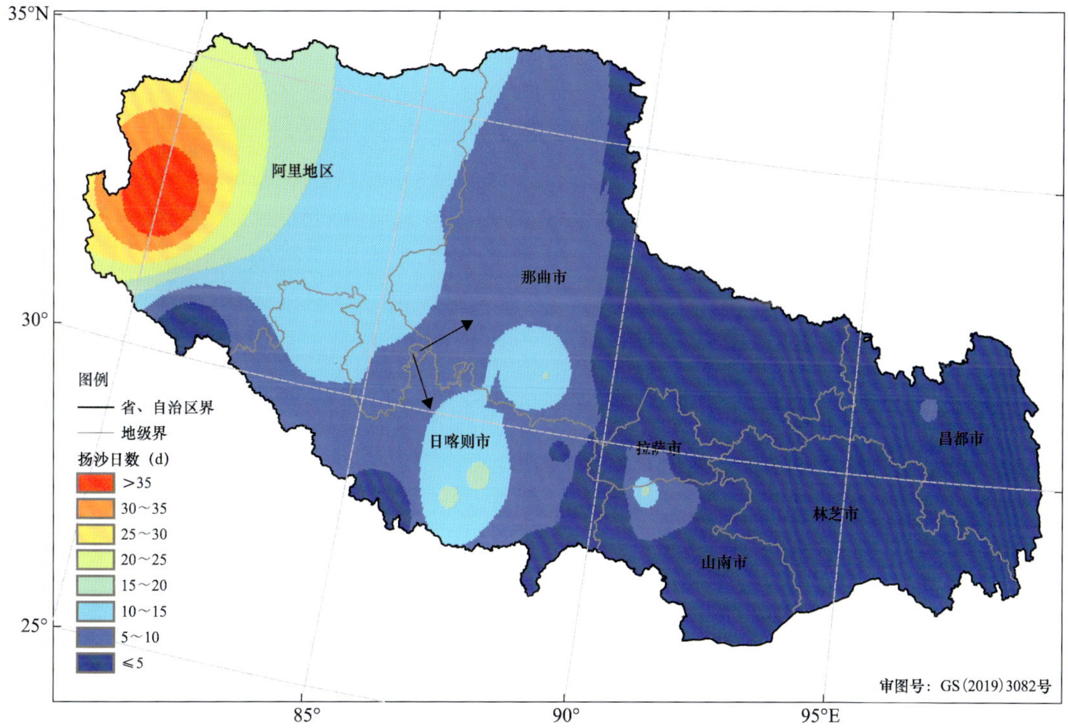

图 4.6　西藏自治区扬沙天气日数空间分布

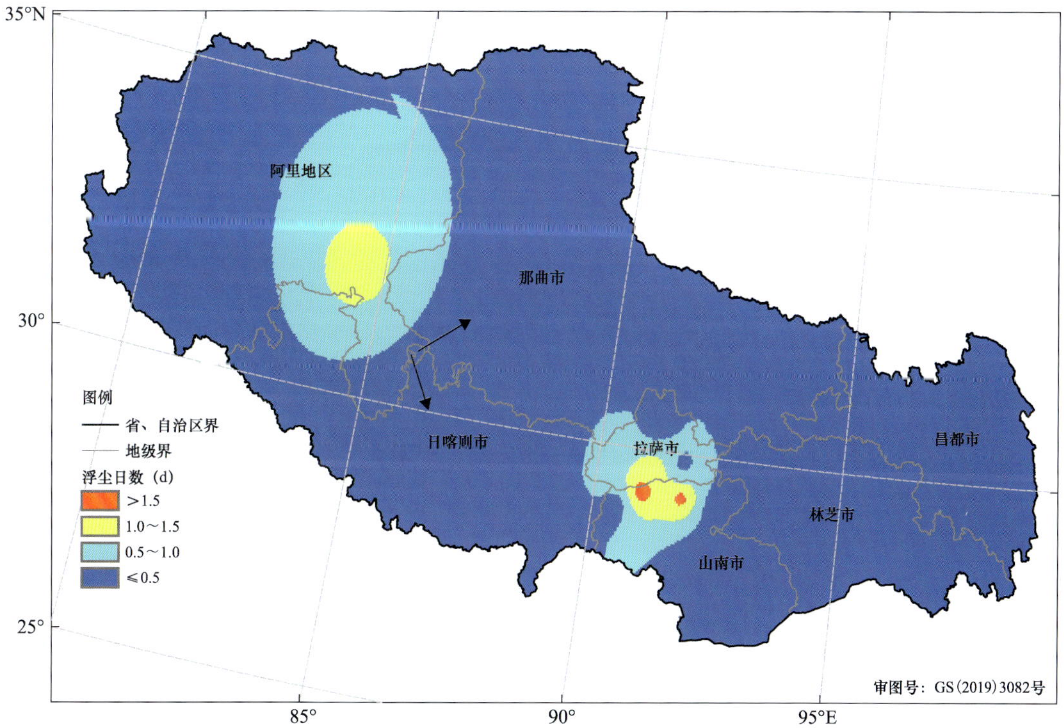

图 4.7　西藏自治区浮尘天气日数空间分布

4.2.2 高温天气

高温天气对光伏发电有较大影响，根据实验室测定，对于一般的晶体硅太阳电池板，温度影响系数 $\gamma = -(0.35\sim0.5)\%/℃$，即在标准测试温度(25℃)以上，温度每升高 1℃，太阳电池的效率下降 0.35%～0.5%。根据已有相关研究，当白天气温达到 20℃时，光伏组件的背板温度将超过 25℃，进而影响太阳电池的转换效率。图 4.8 给出了西藏自治区日最高气温≥20℃的日数空间分布，从图中分布并结合统计数据可以得出：

(1)西藏自治区对光伏发电效率有影响的气温日数的分布呈中西部低、东南部高的态势，西藏自治区 20℃以上气温日数为 69 d。

(2)山南市北部、拉萨市南部、林芝市中东部、昌都市中西部地区是西藏自治区 20℃以上气温日数的高值区，多年平均值在 110 d 以上。

(3)日喀则市南部、山南市西部、那曲市中部、拉萨市北部地区是西藏自治区 20℃以上气温日数的低值区，多年平均值在 30 d 以下。

(4)除上述区域之外，西藏自治区其他地区的多年平均 20℃以上气温日数在 30～110 d 之间。

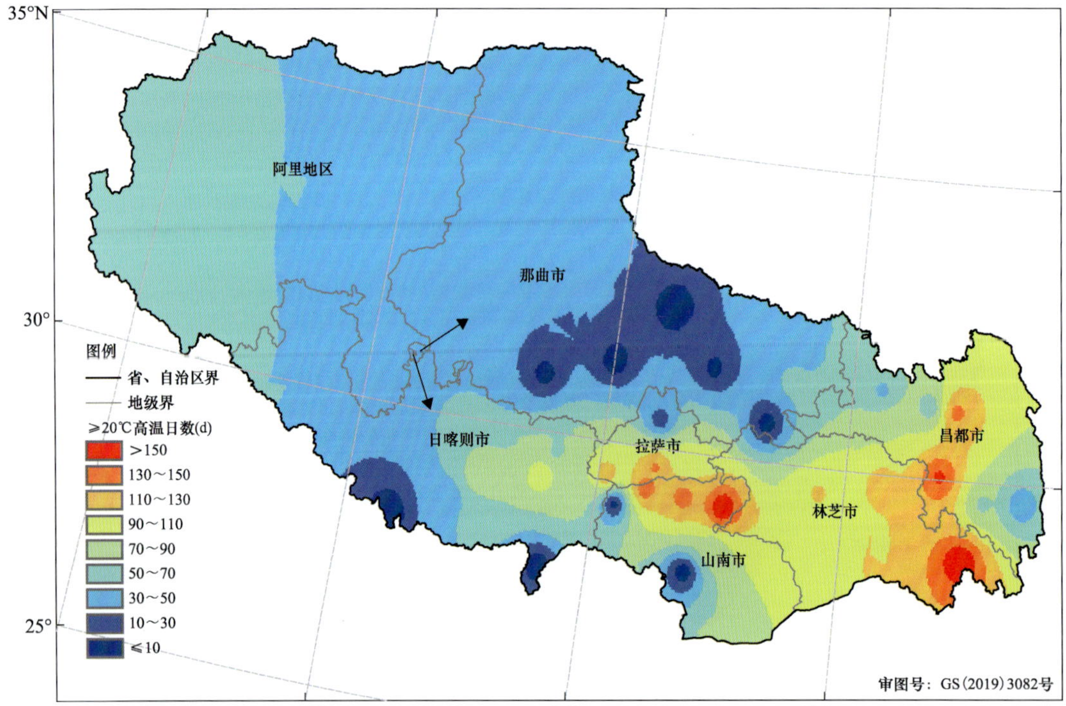

图 4.8 西藏自治区日最高气温≥20℃的日数空间分布

4.2.3　积雪天气

积雪指覆盖在陆地和海冰表面的雪层，在观测台站视野范围内，地面 1/2 以上的面积被雪覆盖即认为是积雪天气。青藏高原区分布着广泛的稳定季节积雪区，积雪覆盖电池板会影响太阳能电池板发电。图 4.9、图 4.10 分别给出了西藏自治区 1991—2020 年最大积雪深度和年积雪日数的空间分布，从图中分布并结合统计数据可以得出：

(1)西藏自治区最大积雪深度有明显的区域特征，最大积雪深度的均值是 26 cm。阿里地区南部、那曲市东南部、日喀则市南部以及山南市西部积雪较深，最大积雪深度大于 40 cm，极大值出现在日喀则市聂拉木县，最大积雪深度为 230 cm；山南市北部、日喀则市东部积雪较浅，最大积雪深度低于 10 cm，最低值出现在桑珠孜区，为 6 cm。

(2)西藏自治区年积雪日数为 29 d，其分布与最大积雪深度较为一致。西藏年积雪日数较高地区分布在那曲市东部、山南市西部、日喀则市南部，积雪日数超过 60 d，最大值出现在那曲市嘉黎县，达 121 d；积雪日数较低地区主要在昌都市西部、拉萨市南部、山南市东部、日喀则市沿雅鲁藏布江一线，积雪日数不足 10 d，最小值出现在日喀则市拉孜县，积雪日数仅有 1 d。

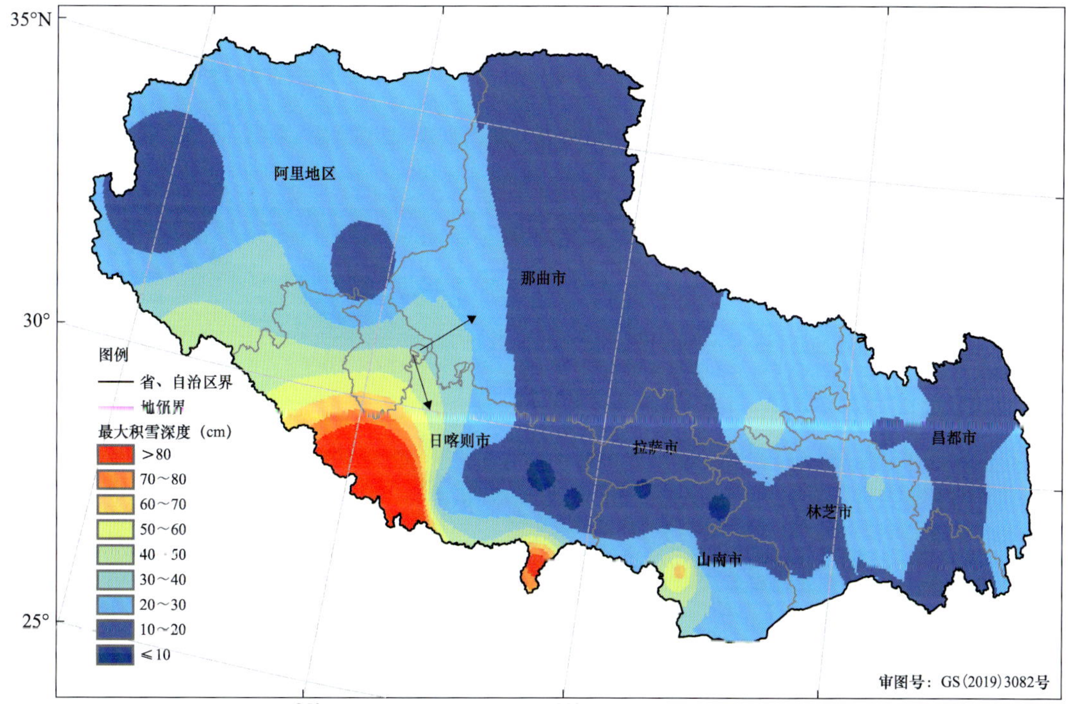

图 4.9　西藏自治区最大积雪深度空间分布

以上分析表明，西藏自治区总体沙尘天气较少，平均气温也不高，但积雪天气较多，应注意积雪因素对光伏发电效率的影响。适当避开积雪日数较多、积雪深度较大地区，必要时可考虑调整光伏板高度、及时清扫积雪、安装监控摄像记录积雪状态等措施减少积雪影响。

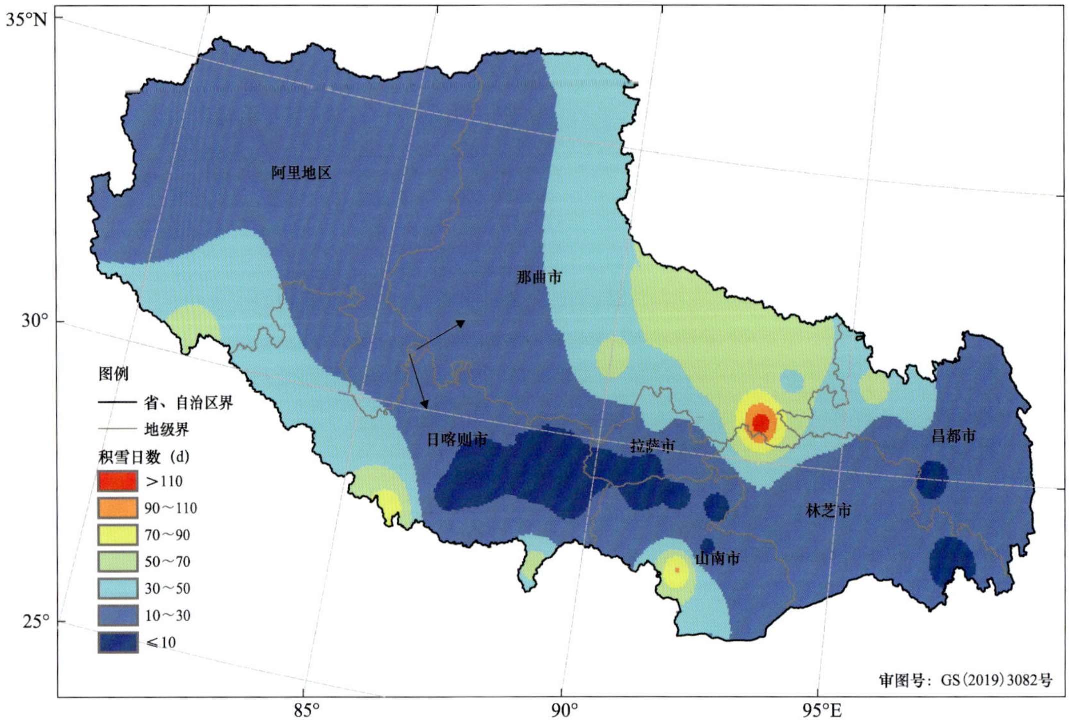

图 4.10 西藏自治区年积雪日数空间分布

4.3 影响太阳能设备安全的主要天气现象

中国是一个气象灾害频发的国家，每年由于气象灾害所造成的人们生产生活的损失非常巨大。对于太阳能利用而言，由于其主要设备放置在室外，不可避免地也会受到各类气象灾害的影响。根据太阳能利用的特点，影响其设备安全的主要灾害性天气现象包括大风、强降水、雷暴、冰雹和冻土等。

4.3.1 大风天气

在气象观测中，大风天气是指瞬时风速达到或超过 17.2 m/s 的风。图 4.11 给出了西藏自治区多年平均大风日数的空间分布，从图中分布并结合统计数据可以得出：

西藏自治区大风日数的主要分布特征为中部多于东西部，平均日数为 38 d。那曲市大部、日喀则市中南部、阿里西部年大风日数在 50 d 以上，极大值出现在那曲市安多县，为 123 d。林芝市、昌都市南部、阿里地区，大风日数小于 10 d，最低值出现在林芝市察隅县，未出现过大风。

根据以上分析，西藏自治区大风天气日数普遍较高，这对于大规模太阳能利用而言是重要影响因素。

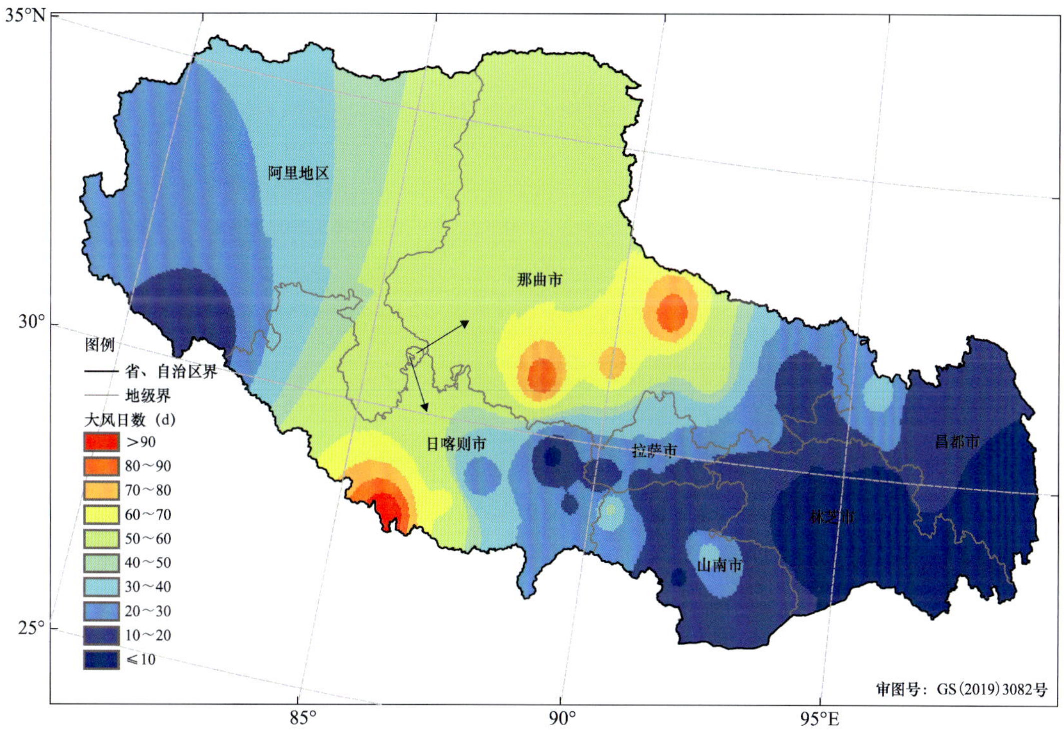

图 4.11　西藏自治区年大风日数空间分布

4.3.2　强降水天气

连日的强降雨可能导致积水，使得太阳能光伏电站被浸泡，电气设备报废甚至有触电的安全隐患，因此强降水也可视作光伏电站选址的制约因素。若选址位置位于强降水日数较多地区，需考虑洪水对支架的冲击及电气的安全。图 4.12 给出了西藏自治区 1991—2020 年日降水量≥20 mm 日数的空间分布，从图中可知：

西藏年日降水量≥20 mm 日数总体上呈自西北向东南递增的分布，平均为 3 d。阿里地区南部、拉萨市东部、林芝市东部日降水量≥20 mm 日数在 5 d 以上，极大值出现在林芝市波密县，为 8 d。阿里地区西部、那曲市中部为低值区，少于 1 d，最低值出现在狮泉河镇，仅为 0.2 d。

以上分析表明，西藏自治区强降水日数普遍较低，这对于大规模太阳能利用而言是非常有利的。

4.3.3　雷暴天气

雷暴是一种局地性却很猛烈的灾害天气，常伴有大风、暴雨以至冰雹和龙卷。由于光伏组件、架构和电线线路等多建在空旷地带，处于雷雨云形成的大气电场中，相对于周围环境，往往成为十分突出的目标，容易遭受雷击，雷击释放的巨大能量会造成光伏组件、控制元件烧毁等，

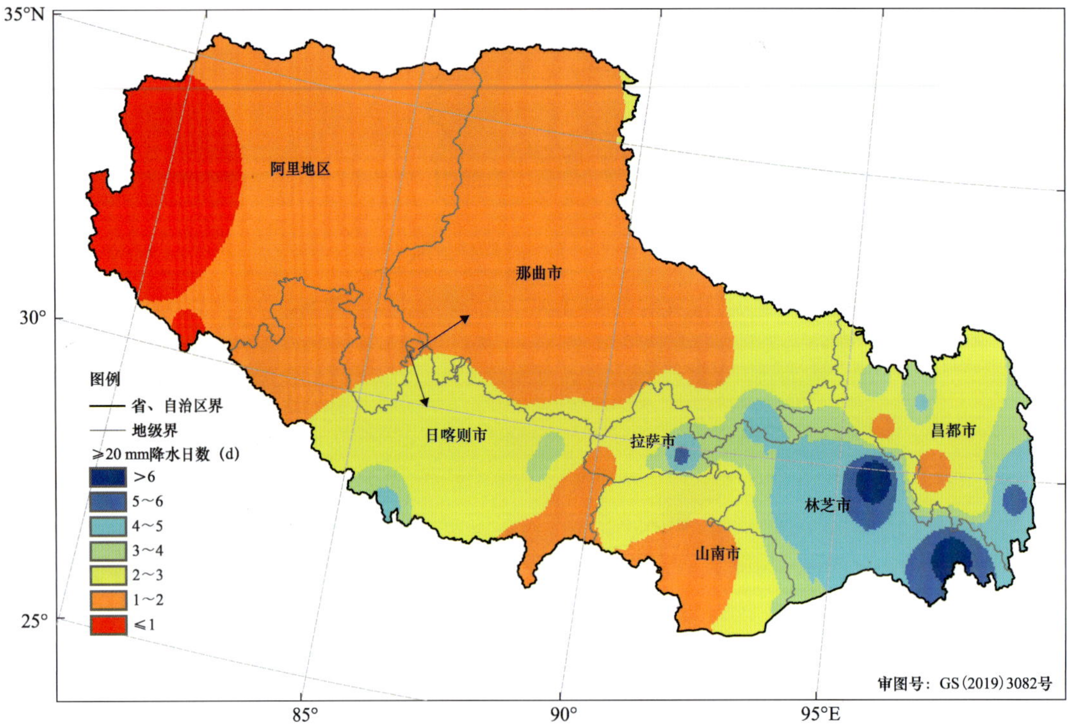

图 4.12　西藏自治区日降水量≥20 mm 日数空间分布

致使设备和线路遭受严重破坏，即使没有被雷电直接击中，也可能因静电和电磁感应引起强雷电压行波，并在终端产生一定的入地雷电流，造成不同程度的危害。虽然通过安装雷电保护系统在电器、电路上安装避雷器等科学合理的防雷措施可以减少雷击事件，但仍不能保证太阳能光伏发电系统的绝对安全。因此，雷暴活动是太阳能电站设计中需要重点考虑的灾害天气之一。

图 4.13 给出了西藏自治区年雷暴日数的空间分布，从图中可看出：

(1)雷暴天气在西藏各地均有发生，平均雷暴日数为 45 d，其总体分布特征是中部多，东、西部少。

(2)那曲市中西部、拉萨市大部、山南市雅江河谷、日喀则市东部是西藏雷暴天气的高发区，年雷暴日数在 61 d 以上。那曲市东北部、拉萨市大部分地区、山南市雅江河谷超过 71 d，山南市贡嘎县最大，为 78 d。

(3)阿里地区西部、日喀则市南部、山南市西部、林芝市、昌都市西部雷暴天气发生较少，年雷暴日数少于 20 d。

(4)西藏自治区其他地区年雷暴日数为 21～60 d。

4.3.4　冰雹天气

冰雹是从发展强盛的积雨云中降落到地面的冰球或冰块，是一种季节性明显、局地性强，且来势猛、持续时间短、以机械性伤害为主的灾害天气。冰雹颗粒撞击光伏组件，可能导致光

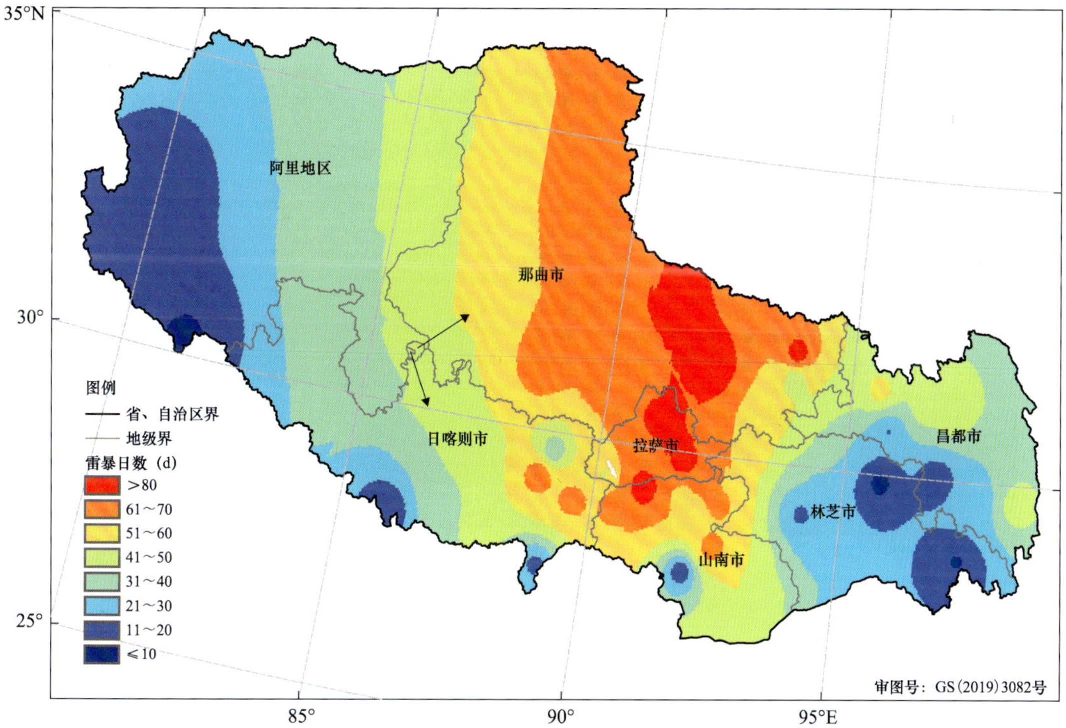

图 4.13　西藏自治区年雷暴日数空间分布

伏组件开裂，引发电池短路等发生。

图 4.14 给出了西藏自治区年冰雹日数的空间分布，从图中分布来看：

(1)西藏冰雹天气发生频率较高，年平均日数为 7.4 d，对太阳能利用的影响不容忽视。

(2)那曲市中部冰雹日数在 20 d 以上，对太阳能利用不利；阿里地区西部、日喀则市大部、山南市部分地区、林芝市东南部、昌都市西部不足 5 d，较有利于太阳能利用。

4.3.5　冻土

冻土是指 0℃以下，并含有冰的各种岩石和土壤。冻土是一种对温度极为敏感的土体介质，含有丰富的地下冰。因此，冻土具有流变性，其长期强度远低于瞬时强度等特征。正是由于这些特征，在冻土区修筑工程构筑物必然面临冻胀和融沉两大危险，这两种危险会对太阳能电站的支架系统产生破坏或移动，进一步影响到电站设备安全。最大冻土深度是衡量冻土程度的重要指标。

图 4.15 给出了西藏自治区 1991—2020 年最大冻土深度的空间分布，从图中分布并结合统计数据可知：

(1)西藏自治区冻土冻结最大深度受地形影响，有明显的区域特征。空间分布主要呈由西北向东南逐渐变浅。以阿里地区西部狮泉河镇及东部改则县、那曲市东北部为最深，最大冻土深度大于 80 cm，林芝市、山南市东北部、日喀则市南部和昌都市西部最大冻土深度最小，最大冻土深度小于 20 cm。

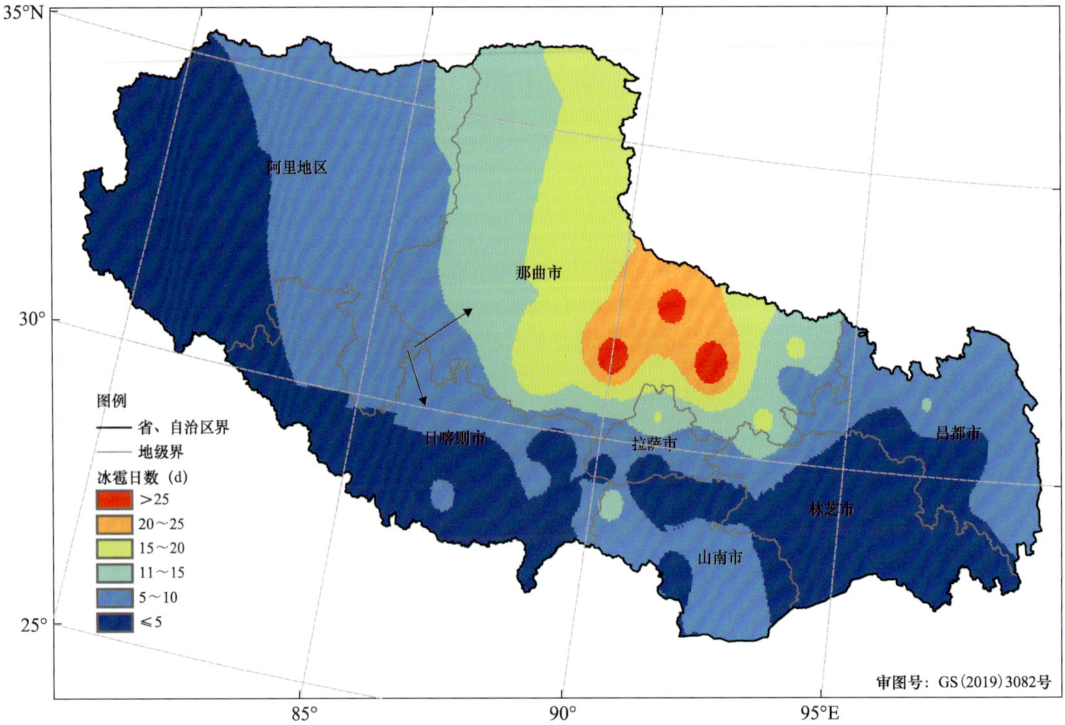

图 4.14　西藏自治区冰雹天气日数空间分布

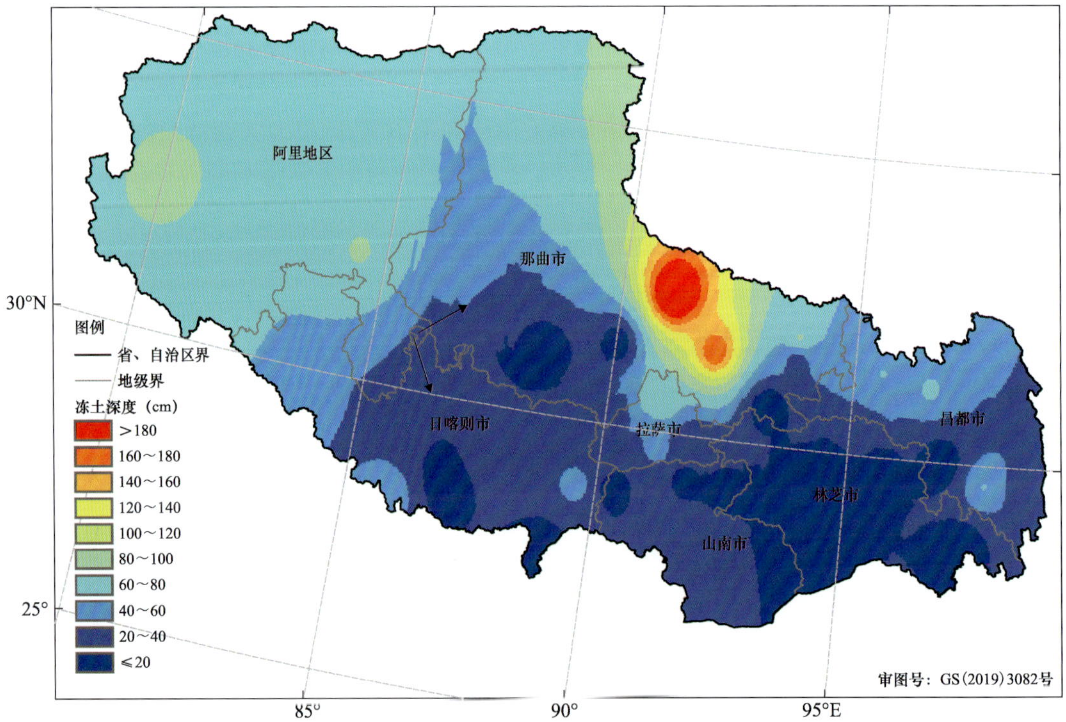

图 4.15　西藏自治区最大冻土深度空间分布

(2)西藏自治区最大冻土深度极值为 241 cm,出现在那曲市安多县,最浅的为 0.1 cm,出现在昌都市八宿县。

以上分析表明,影响西藏自治区太阳能设备安全的灾害天气主要是大风、雷暴和冰雹。在西藏开展太阳能发电,应做好防雷处理,并避开大风日数较多、冰雹频发地区。

第5章　结论与讨论

5.1　主要评估结论

通过计算和分析，对西藏自治区太阳能资源和开发潜力形成主要评估结论如下。

(1)西藏自治区平均水平面总辐射年辐照量为 1816 kW·h/m^2，光伏发电最佳斜面总辐射年辐照量为 2211.6 kW·h/m^2，首年利用小时数 1813.5 h，25 年平均年利用小时数 1632.2 h。全区超过 60%的面积属于太阳能资源 A 类“最丰富”区，其余近 40%基本都属于 B 类“很丰富”区。

(2)空间上，西藏自治区太阳能资源自北向南、自东向西逐渐增大，拉萨市、日喀则市中东部、山南市、阿里地区西南部最为丰富，水平面总辐射年辐照量最大值为 2189 kW·h/m^2，光伏发电最佳斜面总辐射年辐照量最大值为 2727 kW·h/m^2，首年利用小时数最大值为 2181 h，25 年平均年利用小时数最大值为 1963 h。

(3)时间上，西藏自治区水平面总辐射 5 月最高，12 月最低，全区 74%的面积属于太阳能资源稳定度 A 类“很稳定”区，其余 26%地区属于太阳能资源稳定度 B 类“稳定”区，全区太阳能资源呈现出“既强且稳”的特征。全区平均太阳能资源近 30 年呈波动下降趋势，平均下降幅度约为 12.86 (kW·h/m^2)/10a。

(4)就到达地表的太阳辐射资源而言，西藏自治区全年水平面总辐射理论总量约为 2400.7 亿吨标准煤或平均 2229.1 亿 kW·h，全年光伏发电最佳斜面总辐射理论总量约为 2913.9 亿吨标准煤或平均 2734.2 亿 kW·h。

(5)就地面上的光伏发电可装机容量而言，剔除制约因素后，西藏全区光伏发电技术开发量约为 120 亿 kW，技术开发面积约为 34 万 km^2，占全区面积的 27%。可开发区域内的太阳能资源以最佳斜面总辐射在 2100～2500 kW·h/m^2 的区间为主，占全部技术开发量的 69%；最佳斜面总辐射在 2500 kW·h/m^2 以上的技术开发面积约为 5.7 万 km^2，主要分布在阿里西部、日喀则中东部、山南中北部和拉萨，技术开发量约为 20 亿 kW·h，占全区的 16%，可在综合考虑施工、并网和消纳条件等基础上优先开发。

(6)从西藏影响光伏发电的灾害气象因素来看，除阿里地区以外，沙尘天气发生较少，平均气温也不高，气象条件对于光伏发电利用效率的影响不大；全年大风、雷暴、冰雹日数较多，光伏电站设计和运行中应做好抗风和避雷措施；冻土时间较长，冻土深度较大，光伏电站施工应注意避开冻土时段。

5.2　讨论与建议

上述结论是在一定的边界条件假定基础上评估得到的，对其适用性说明如下。

(1)技术开发量的适用性。技术开发量计算中，参考了现行行业规范和标准，按照西藏自治区的纬度对光伏发电装机容量系数取 70 MW/km^2，随着大组件、双面组件的发展和应用，光伏发电单位面积装机容量有可能进一步提升。此外，本书的评估结论针对大规模集中式光伏发电，事实上，分布式光伏发电更适合太阳能资源的时间、空间分布特性，对土地利用的适应性也更为灵活，在相关政策支持下，其装机规模可能会有较大发展空间。因此，本书的光伏发电技术开发量是对当前特定条件下的测算，建议不断跟随新技术、新政策发展，适时更新评估结论。

(2)光伏发电年利用小时数的适用性。书中针对固定式光伏电站计算年利用小时数，系统效率取 82%，光伏组件首年衰减按 3%、此后每年按 0.8%计算。随着光伏发电各类先进技术的应用，当前已有部分电站实际运行的系统效率超过 82%，光伏组件的衰减系数也在逐步下降，此外，双面组件产生的背面发电增益，固定可调式、跟踪式等不同安装方式的采用等，均有可能提升光伏发电年利用小时数。因此，书中的光伏发电年利用小时数是一个基础性的评估结论，西藏自治区光伏发电的实际运行小时数应在此基准上有所提升。

(3)太阳能资源长期变化趋势及其可能影响。从过去 30 年的变化来看，西藏自治区乃至全国的太阳能资源总体均是下降趋势，对近年来的光伏发电产生了一定影响。但从更长期的气候变化规律来看，太阳辐射的年际、年代际波动是其固有的特征之一，目前的下降趋势只是其中的一个变化阶段，并不会一直持续下去。此外，随着中国生态保护的加强、空气质量的不断提升，地面太阳辐射也有逐渐增大的可能。因此，太阳能资源的波动变化短期内可能会对光伏发电产生一定影响，但从长远来看，这种影响较为有限。建议针对未来几十年的太阳能资源变化趋势及其对光伏发电的影响，以及大规模光伏电站建设对局地气候环境生态的影响等开展专项研究。

(4)建议进一步加强太阳能资源测量和评估。西藏自治区地广人稀，国家级气象站的布设密度相对较低，目前全区具备地面太阳辐射观测的台站仅有拉萨、昌都、那曲和阿里的狮泉河 4 站，尽管采用气候学统计和地形订正的方法获得了全区太阳能资源的精细化评估结果，但该结果在站点稀少的地区可能存在较大误差。因此，在西藏地区开发利用太阳能的过程中，建议加强太阳能资源监测，为进一步修正全区太阳能资源的精细化评估结果提供基础支撑。

第 6 章　西藏自治区太阳能资源精细化图集

6.1　日照

6.1.1　日照时数

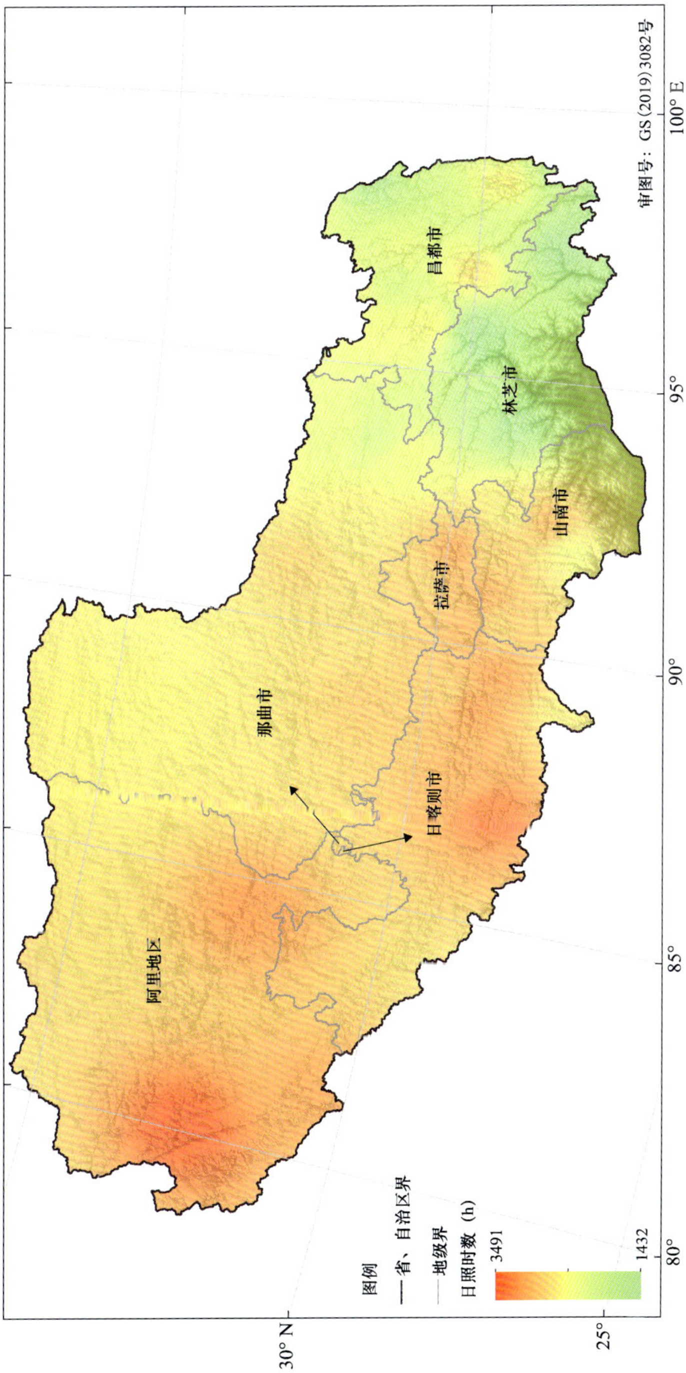

图 6.1　西藏自治区年日照时数空间分布

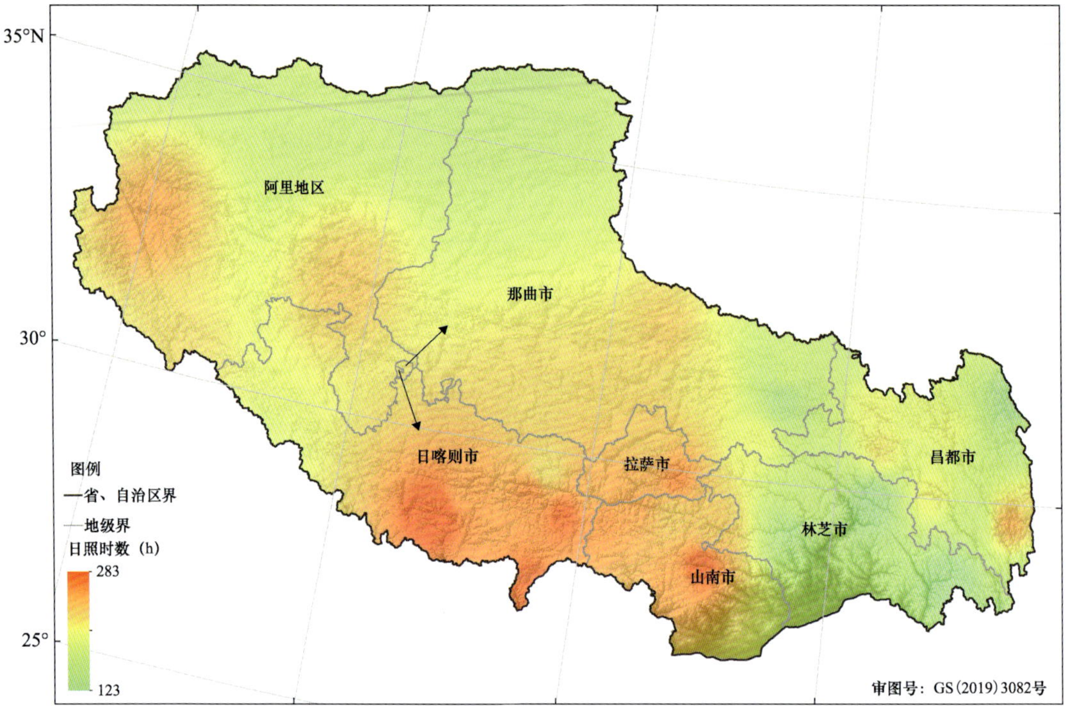

图 6.2　西藏自治区 1 月日照时数空间分布

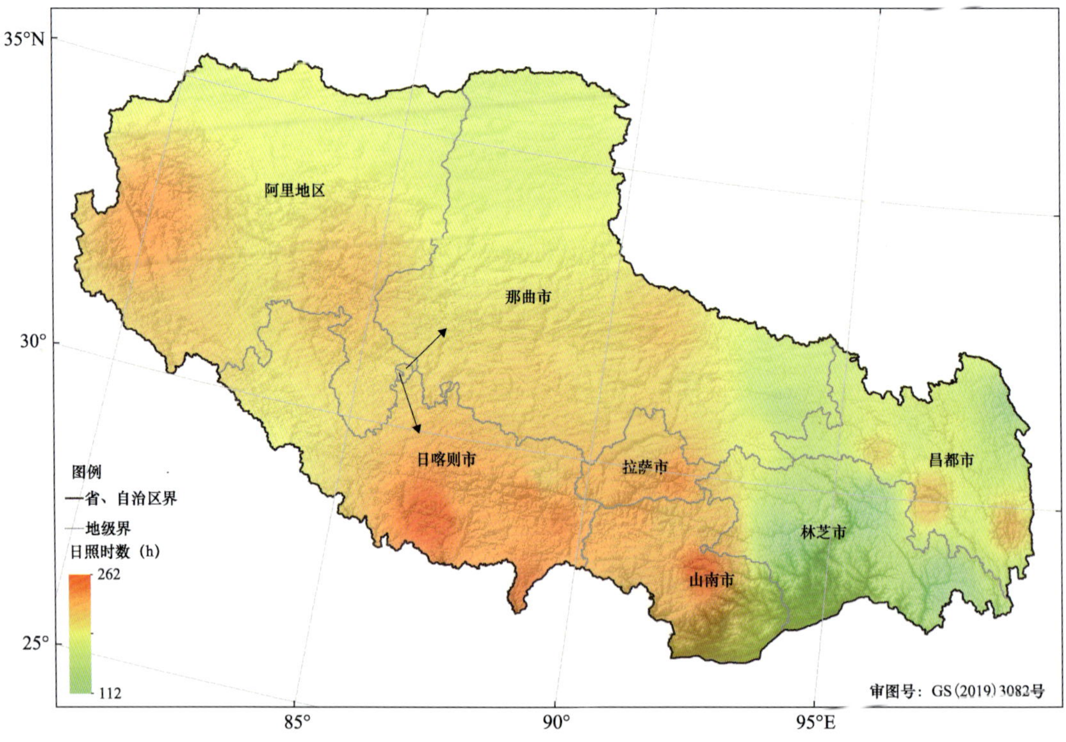

图 6.3　西藏自治区 2 月日照时数空间分布

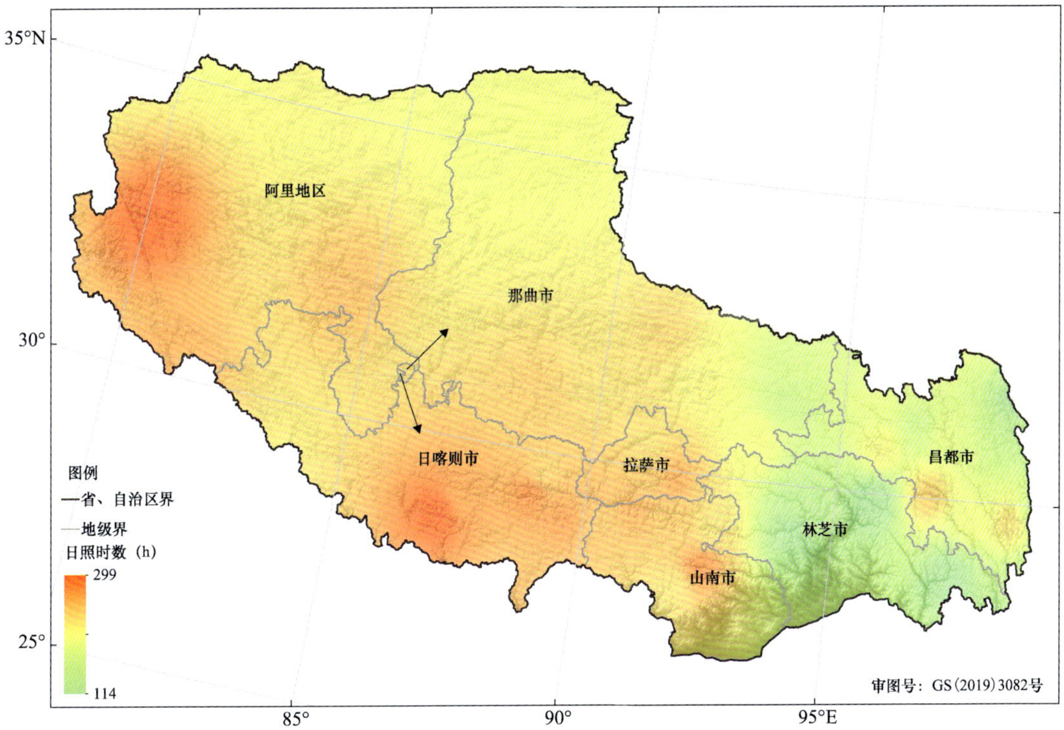

图 6.4　西藏自治区 3 月日照时数空间分布

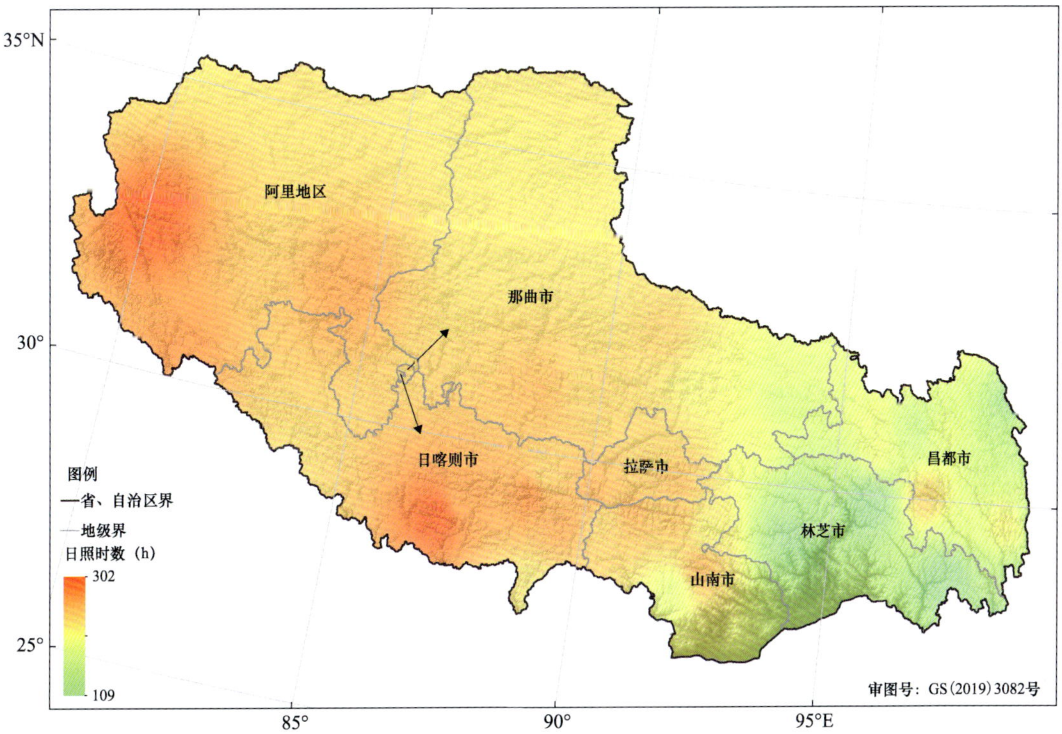

图 6.5　西藏自治区 4 月日照时数空间分布

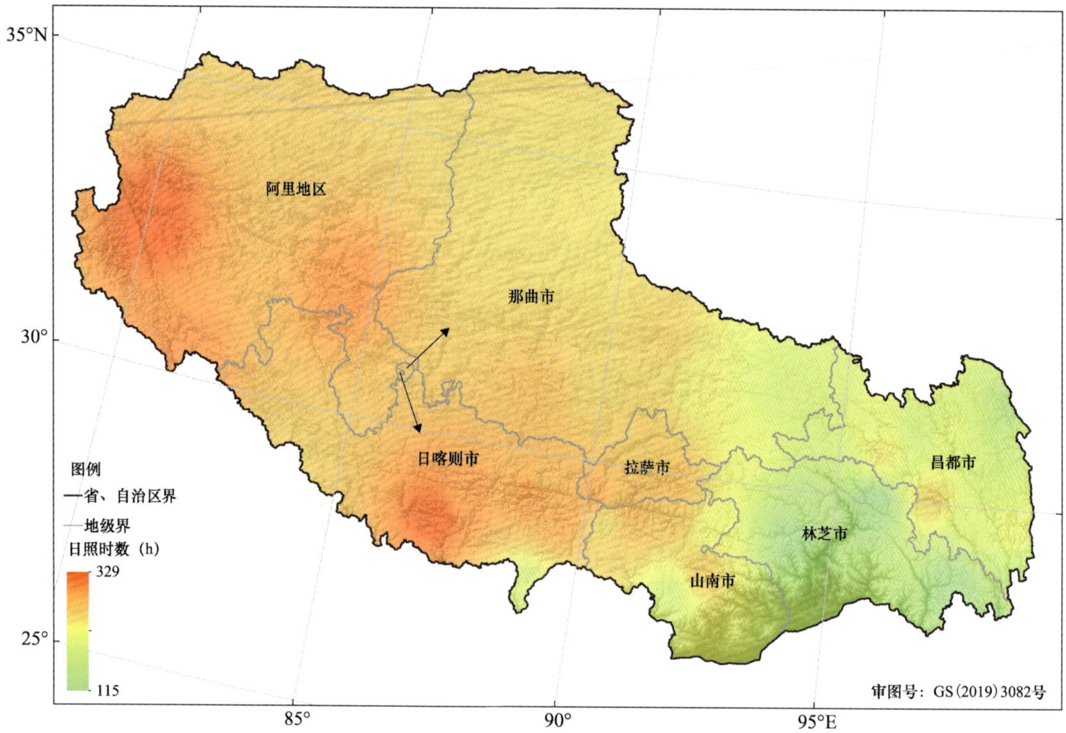

图 6.6　西藏自治区 5 月日照时数空间分布

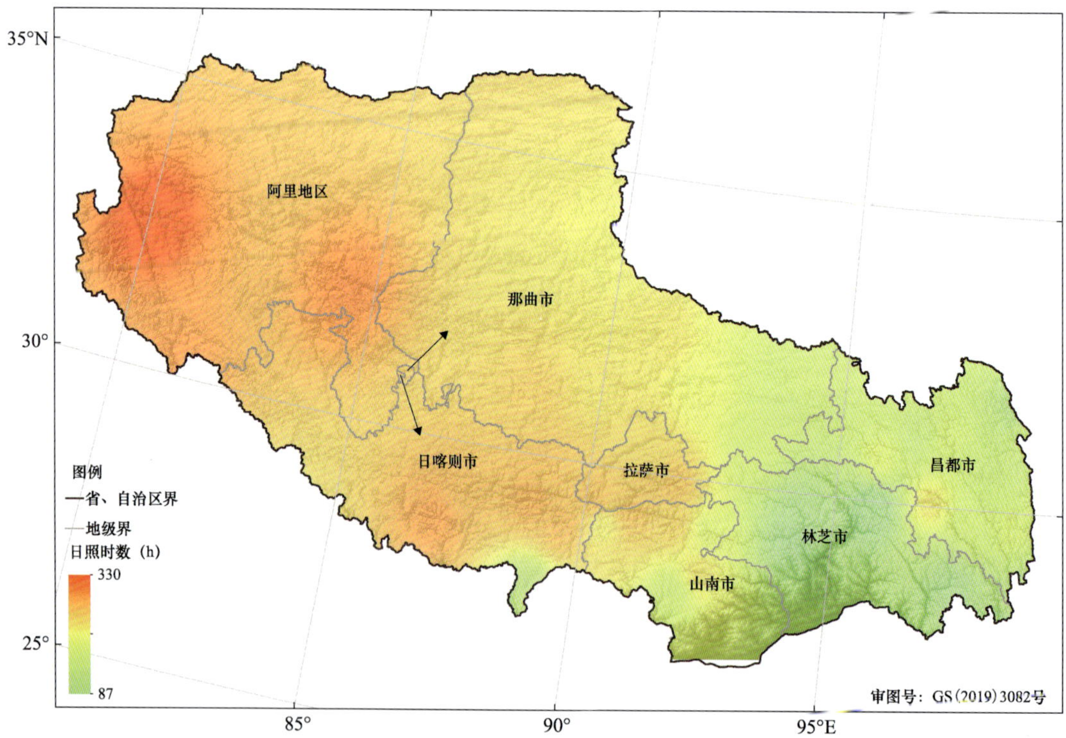

图 6.7　西藏自治区 6 月日照时数空间分布

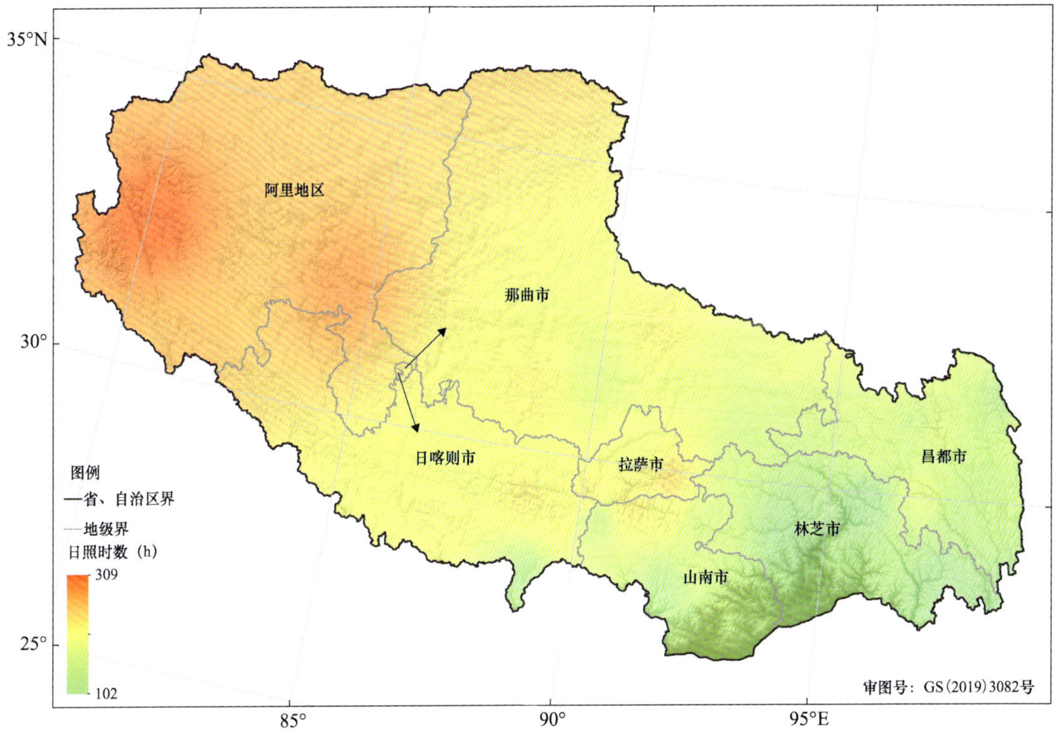

图 6.8　西藏自治区 7 月日照时数空间分布

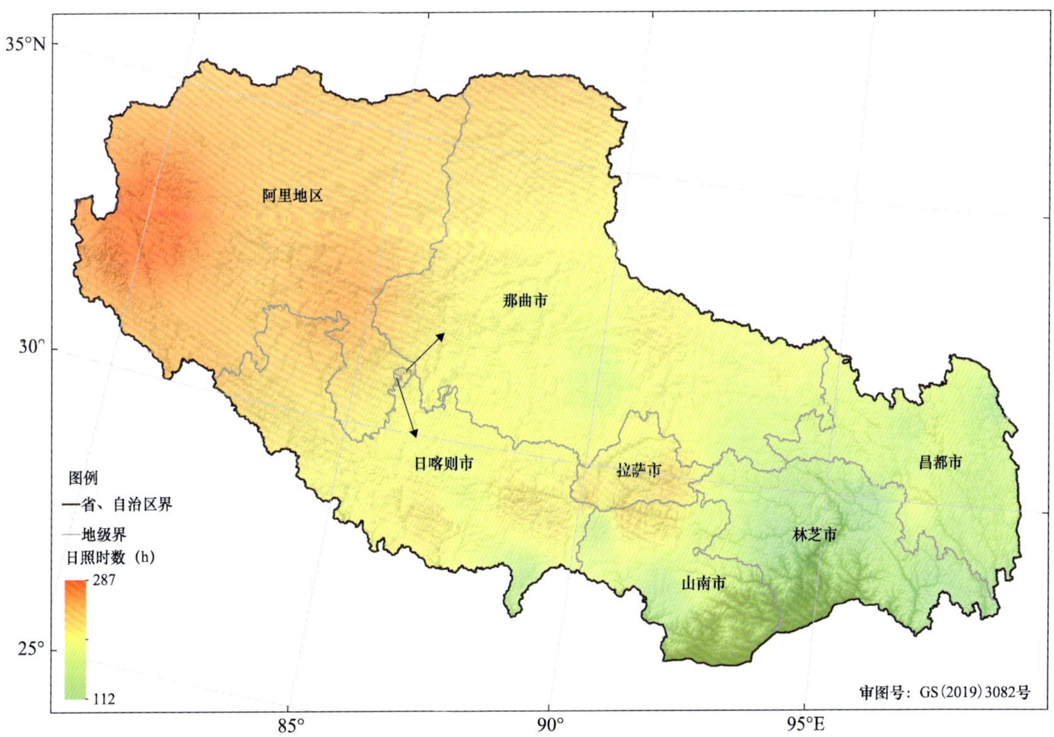

图 6.9　西藏自治区 8 月日照时数空间分布

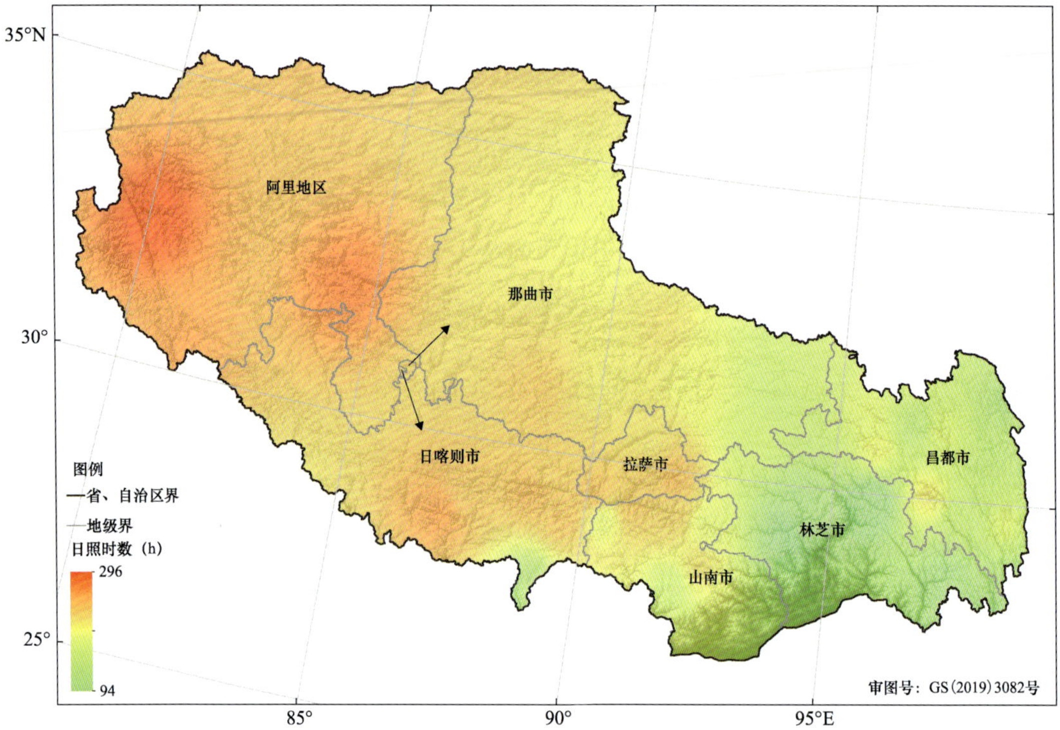

图 6.10　西藏自治区 9 月日照时数空间分布

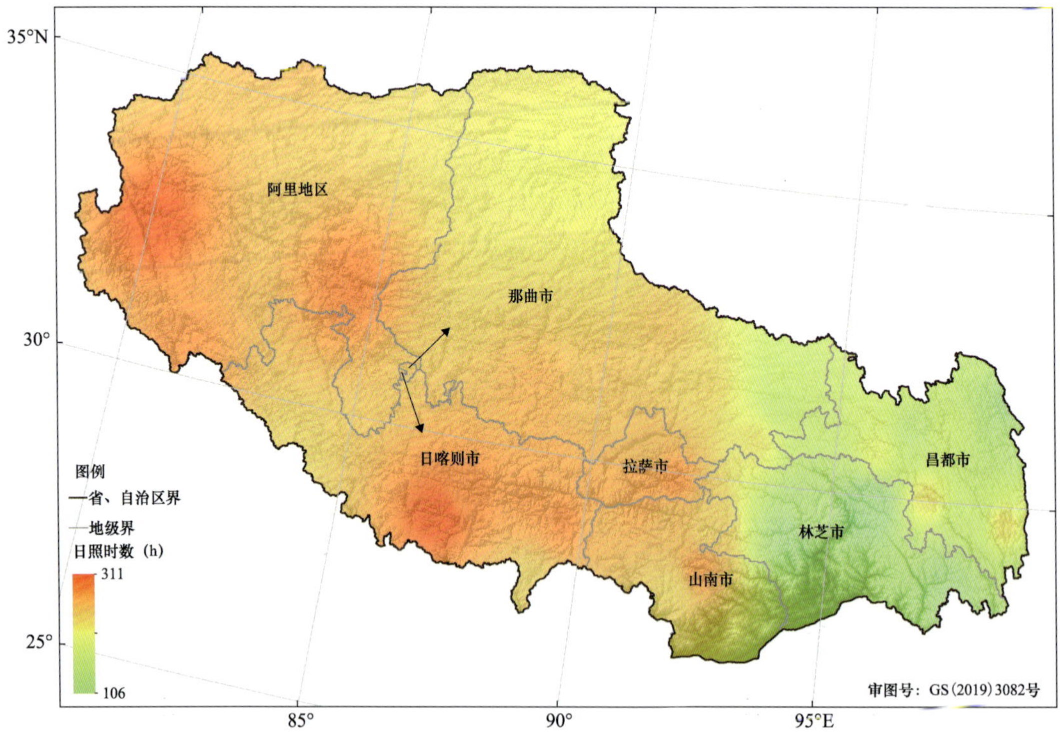

图 6.11　西藏自治区 10 月日照时数空间分布

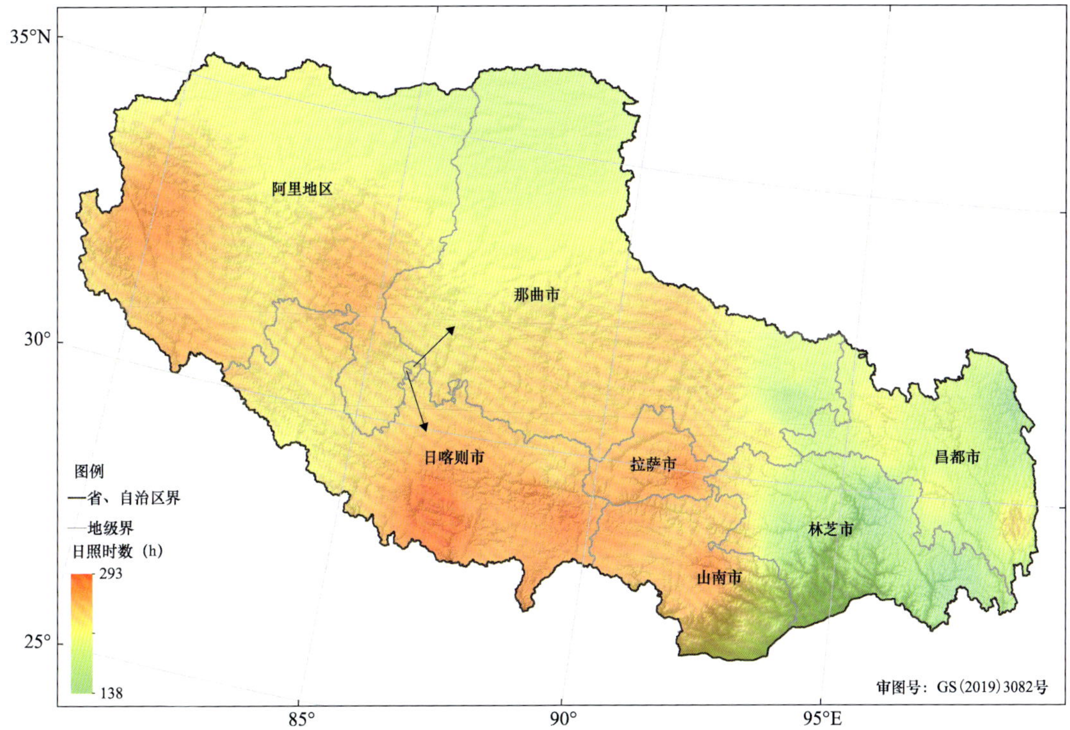

图 6.12　西藏自治区 11 月日照时数空间分布

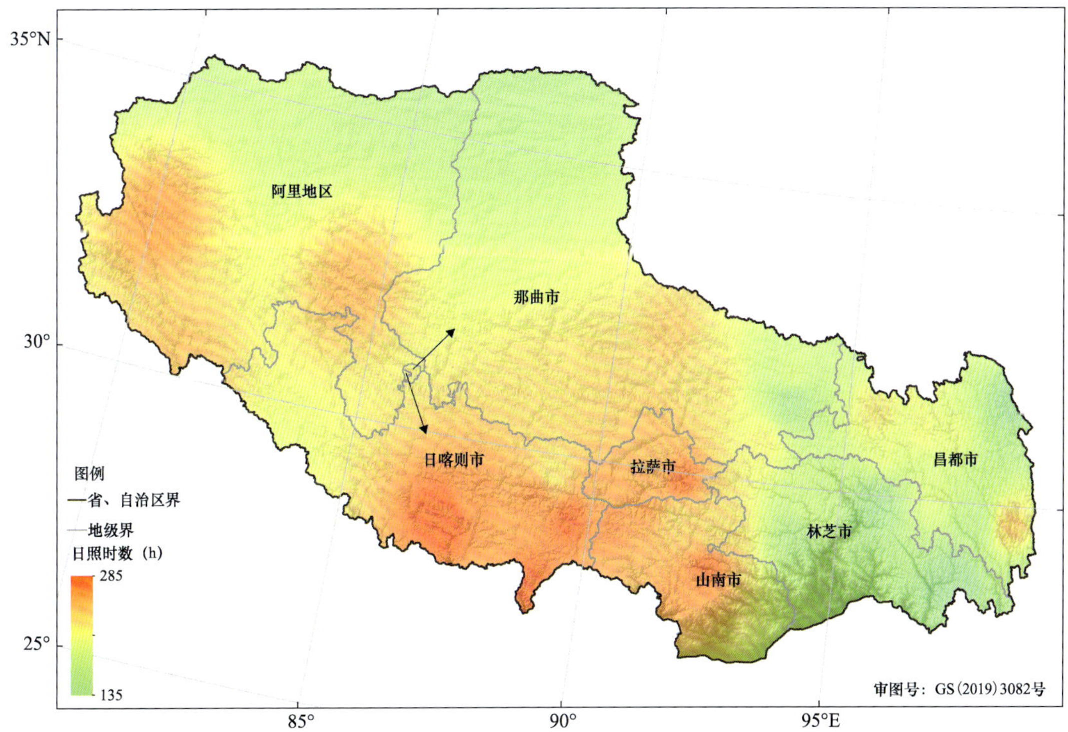

图 6.13　西藏自治区 12 月日照时数空间分布

6.1.2 日照百分率

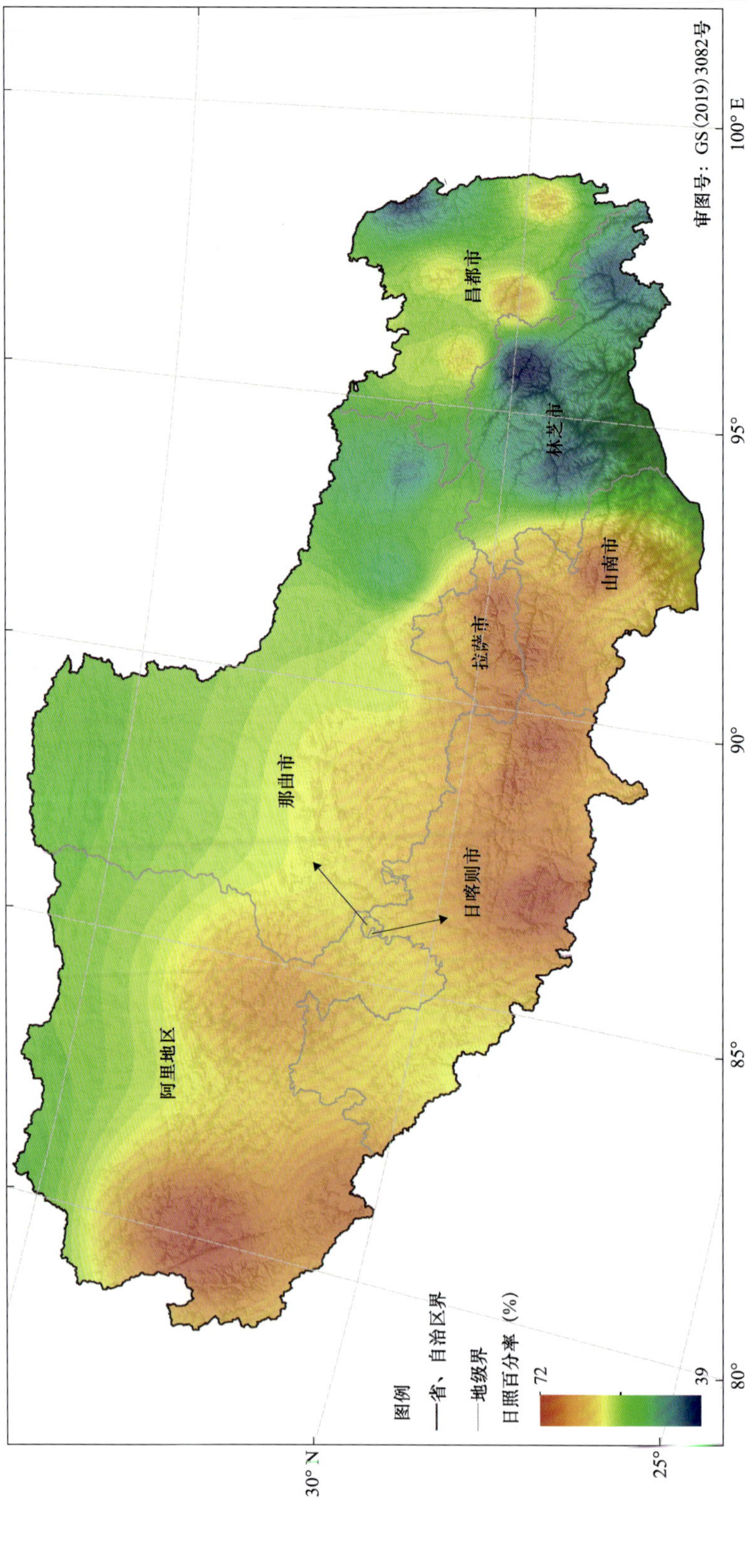

图 6.14　西藏自治区年日照百分率空间分布

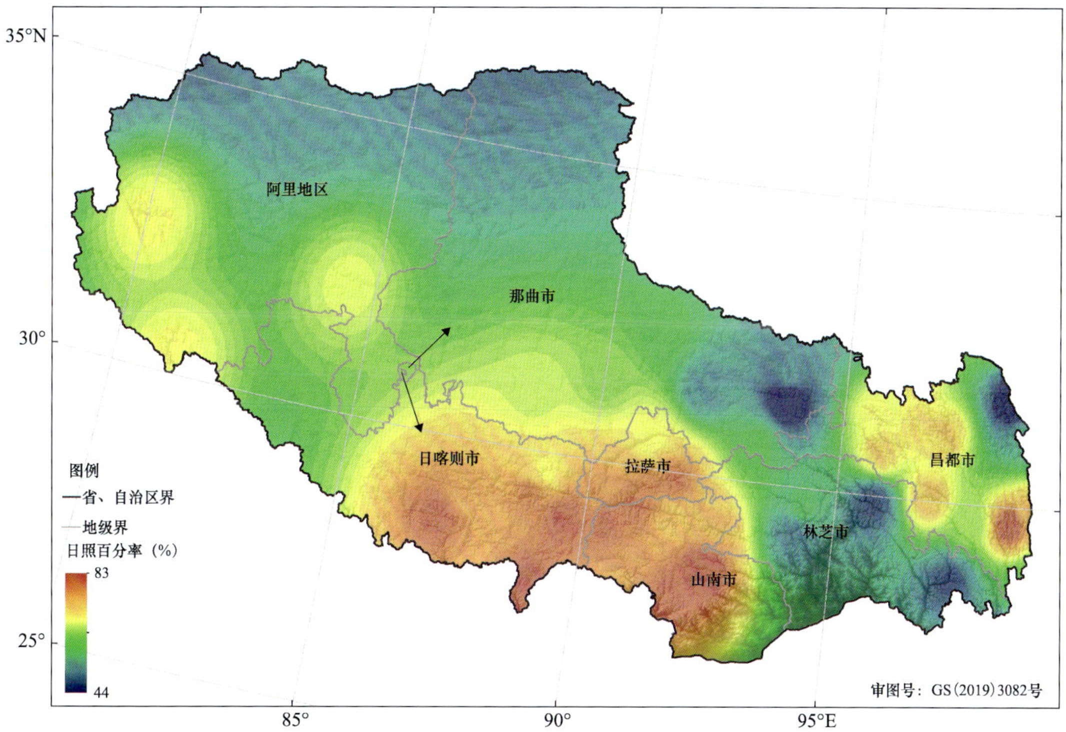

图 6.15　西藏自治区 1 月日照百分率空间分布

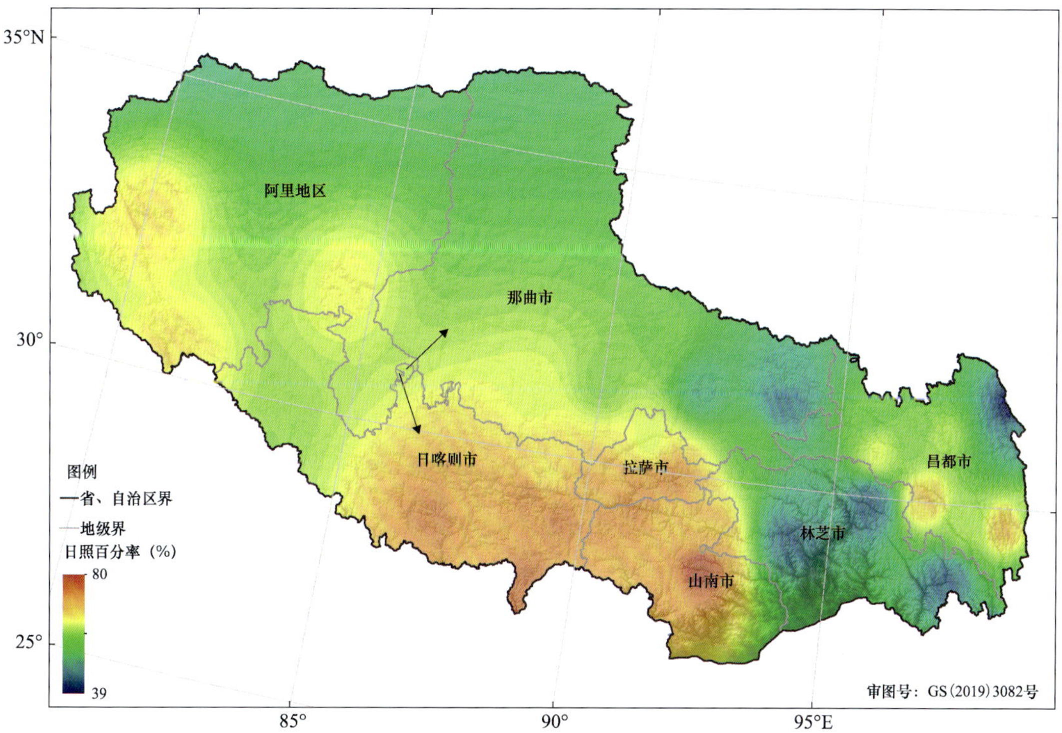

图 6.16　西藏自治区 2 月日照百分率空间分布

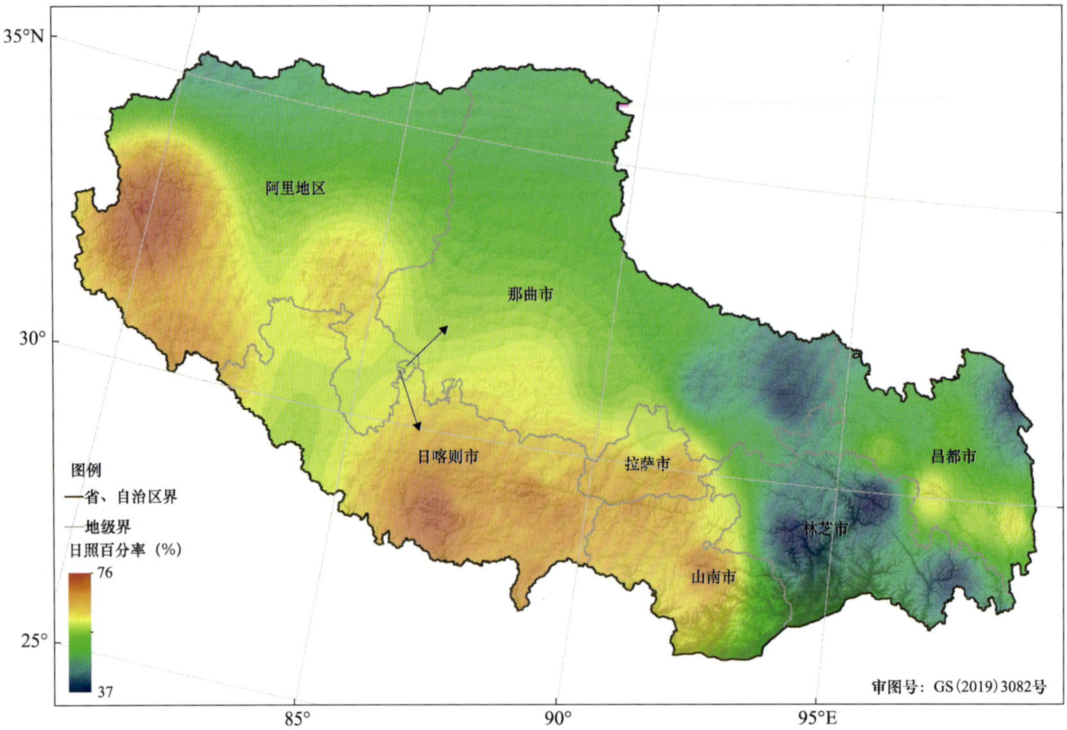

图 6.17 西藏自治区 3 月日照百分率空间分布

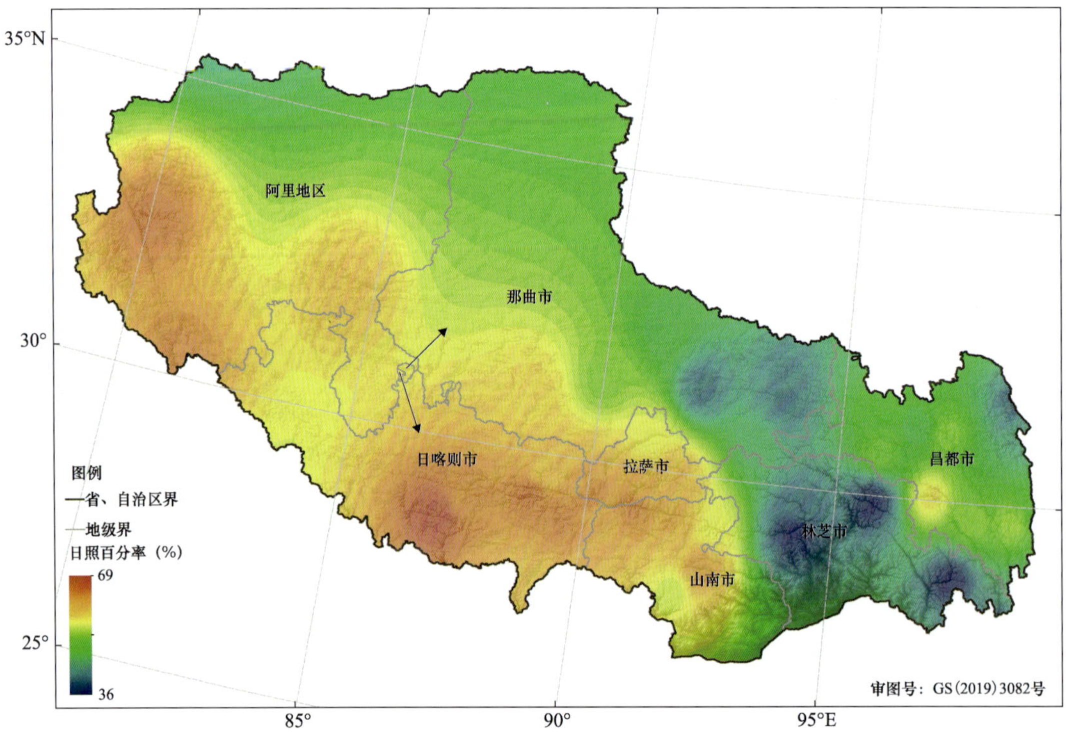

图 6.18 西藏自治区 4 月日照百分率空间分布

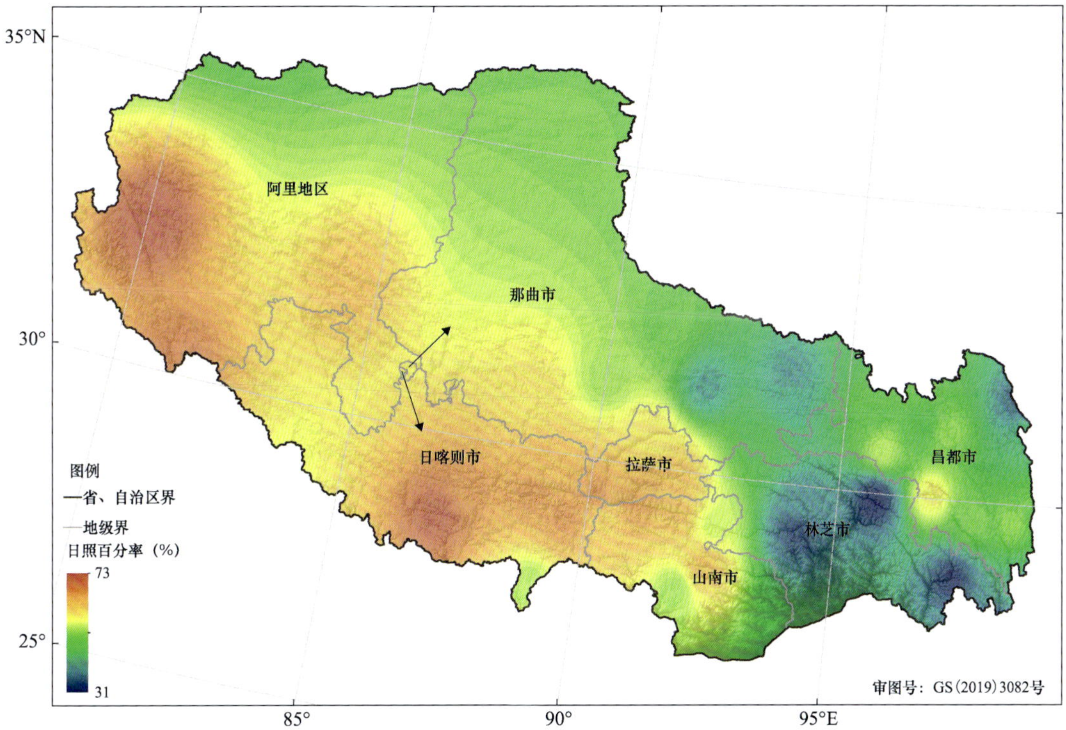

图 6.19　西藏自治区 5 月日照百分率空间分布

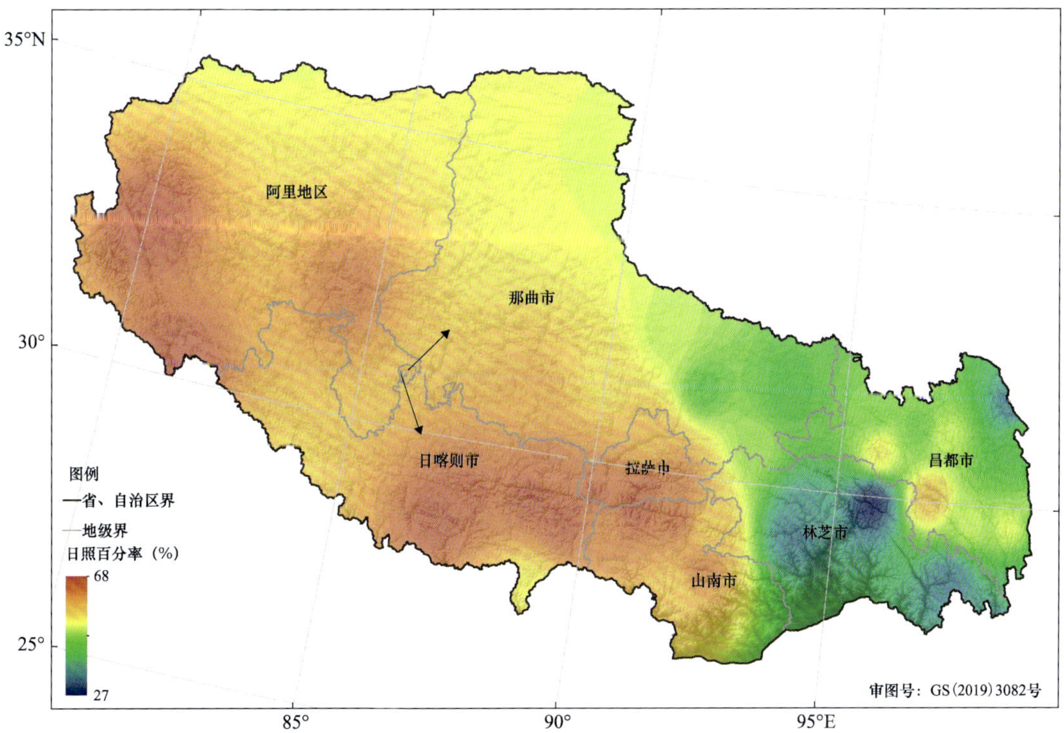

图 6.20　西藏自治区 6 月日照百分率空间分布

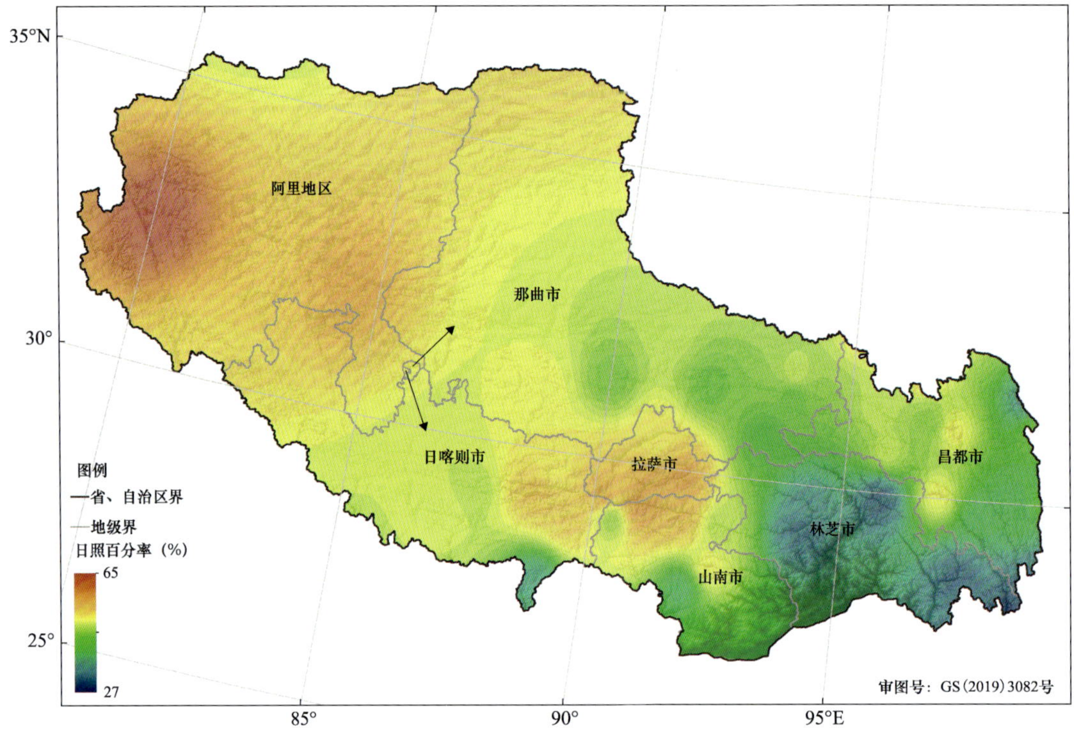

图 6.21　西藏自治区 7 月日照百分率空间分布

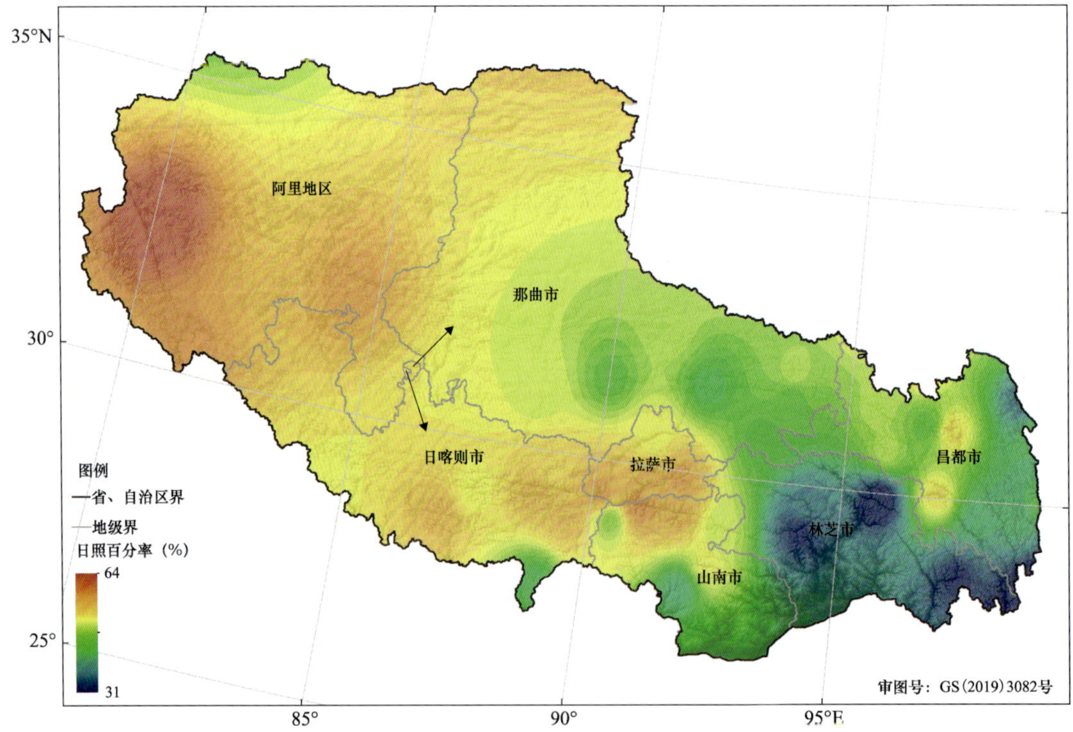

图 6.22　西藏自治区 8 月日照百分率空间分布

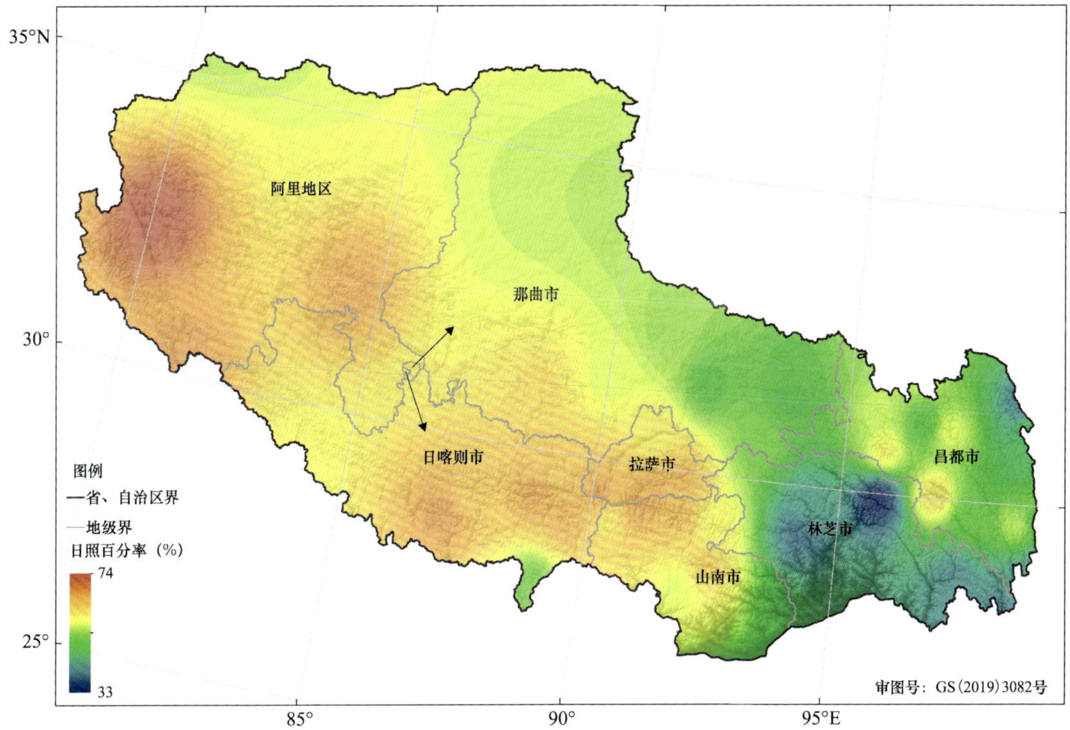

图 6.23　西藏自治区 9 月日照百分率空间分布

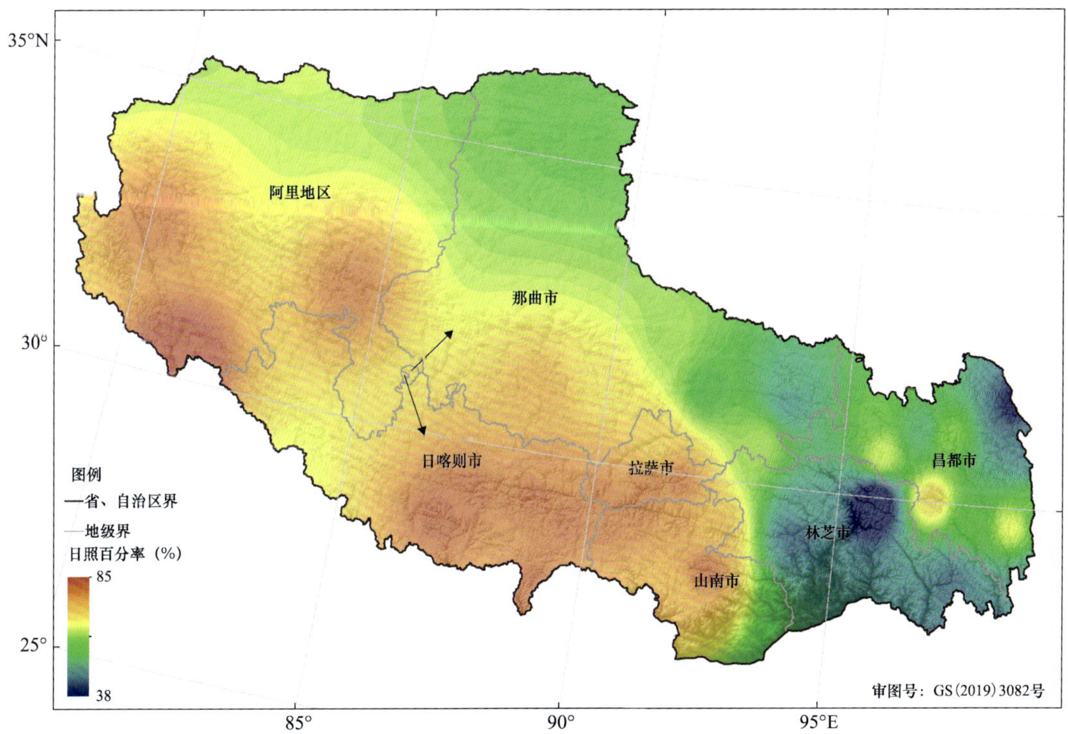

图 6.24　西藏自治区 10 月日照百分率空间分布

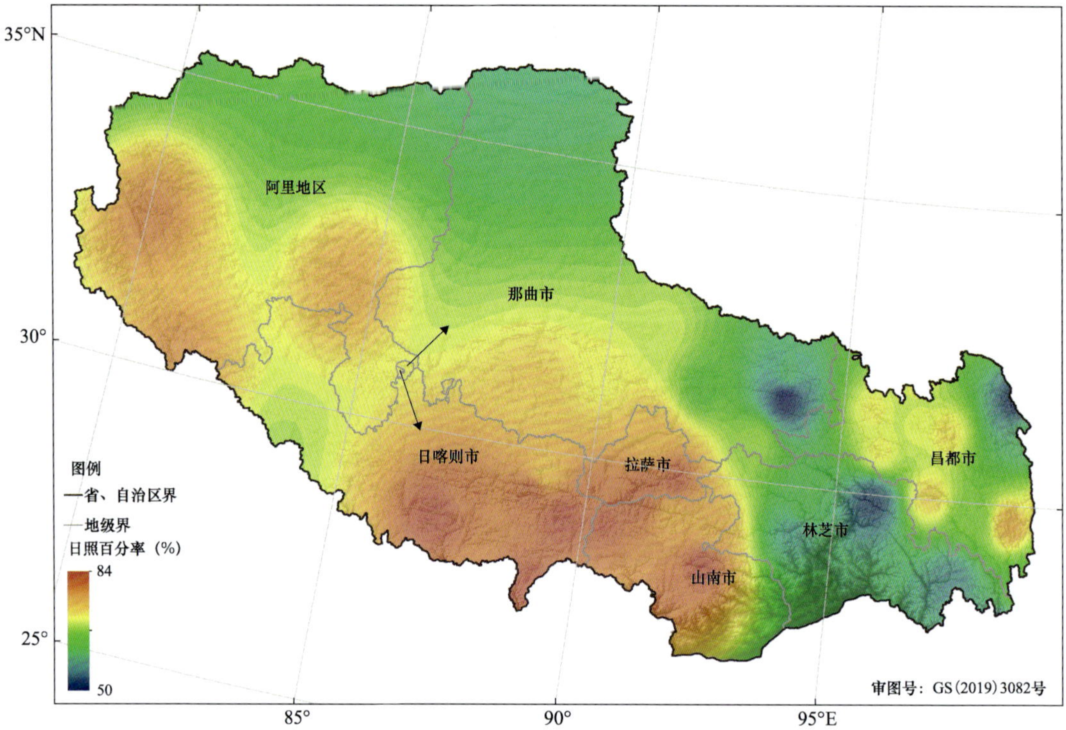

图 6.25　西藏自治区 11 月日照百分率空间分布

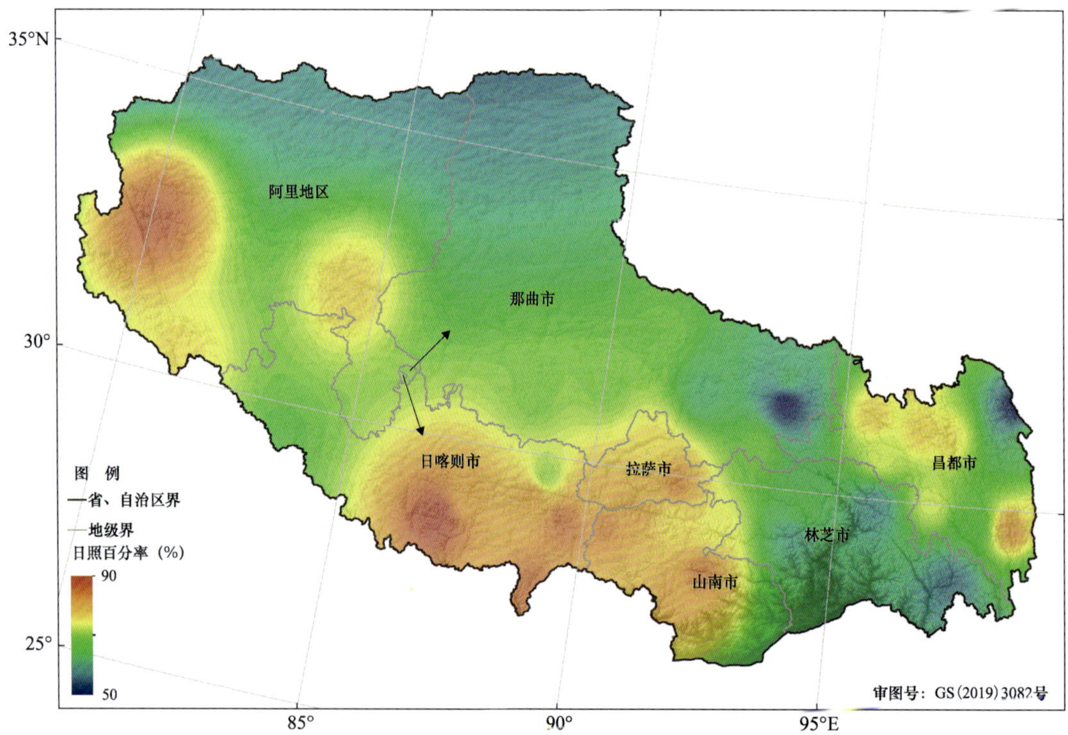

图 6.26　西藏自治区 12 月日照百分率空间分布

6.2　水平面太阳能资源

6.2.1　水平面总辐射

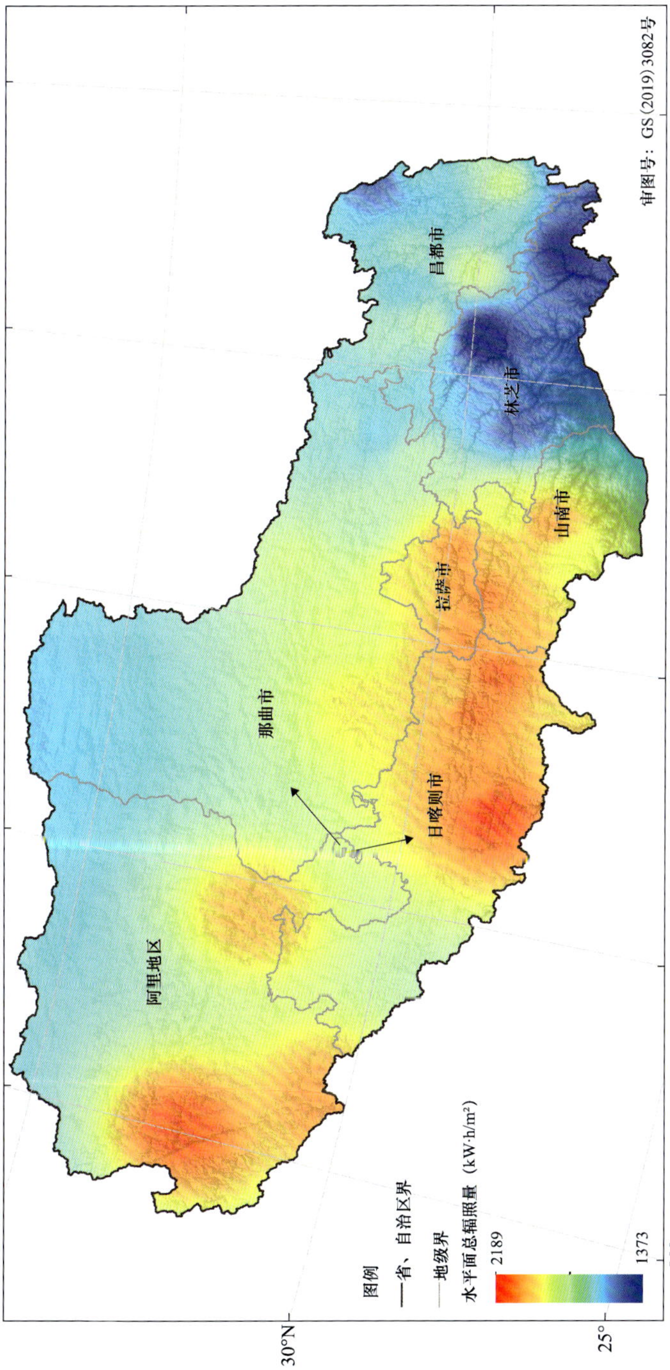

图 6.27　西藏自治区年水平面总辐照量空间分布

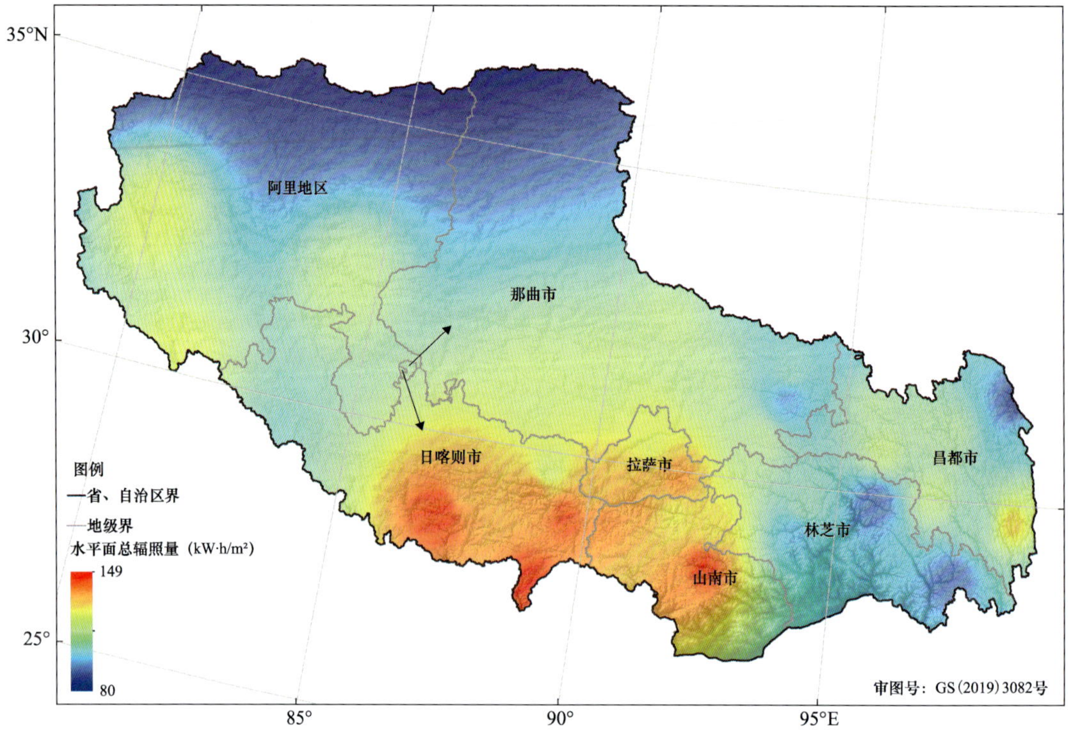

图 6.28　西藏自治区 1 月水平面总辐照量空间分布

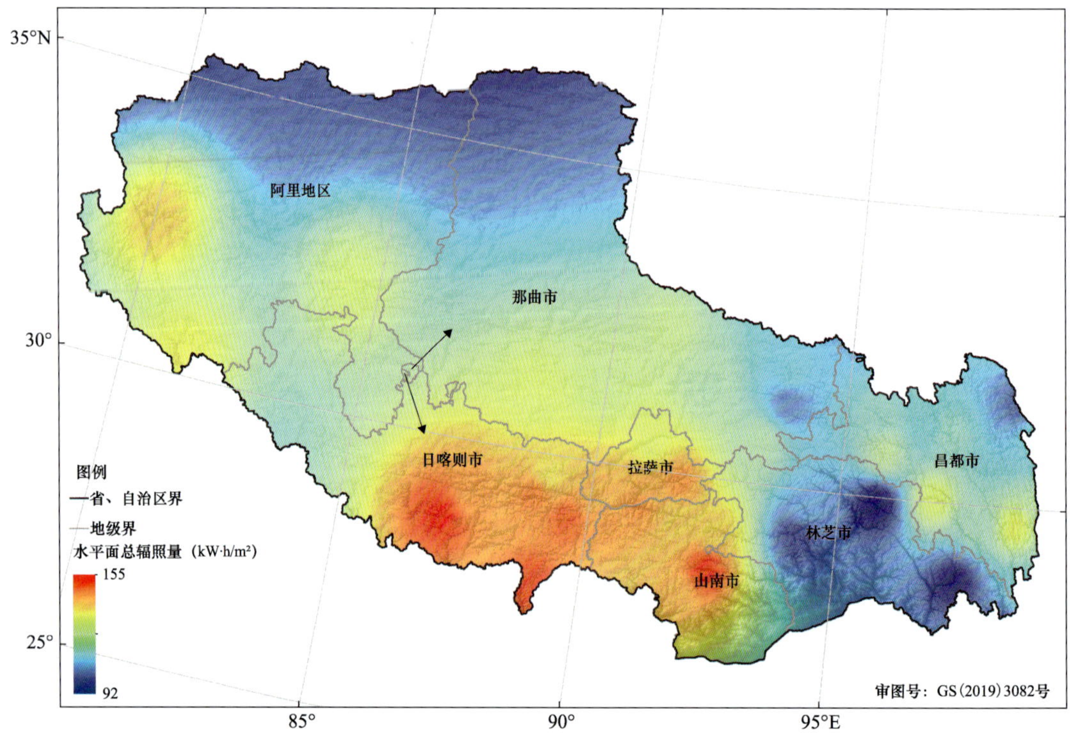

图 6.29　西藏自治区 2 月水平面总辐照量空间分布

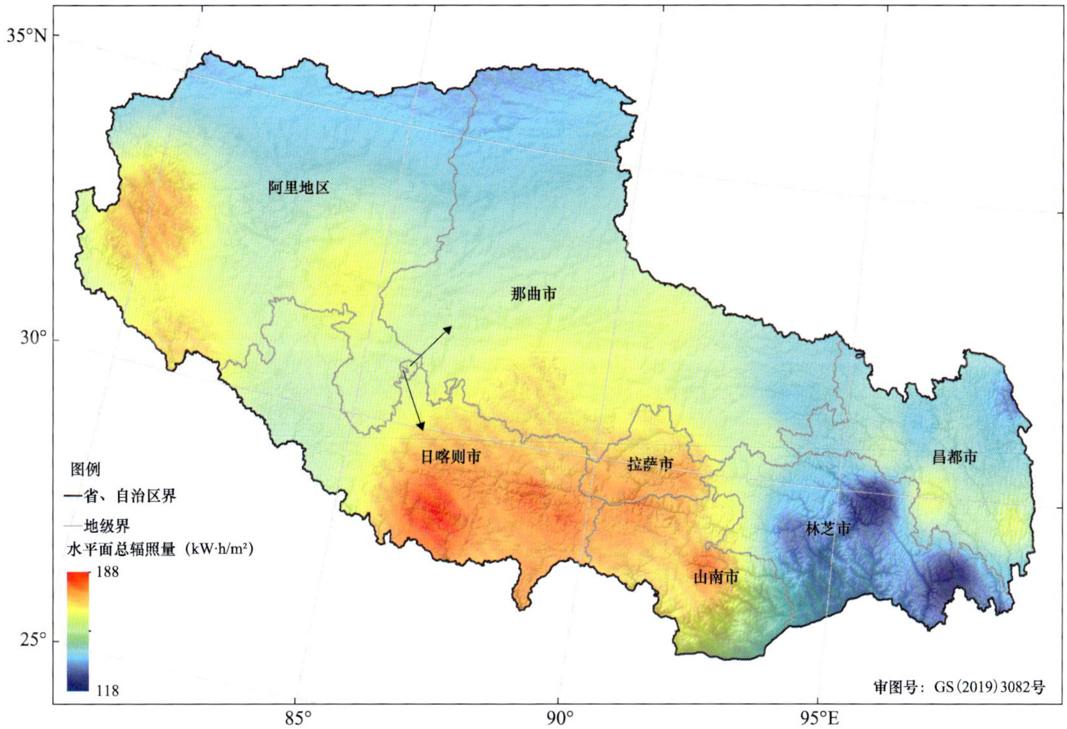

图 6.30　西藏自治区 3 月水平面总辐照量空间分布

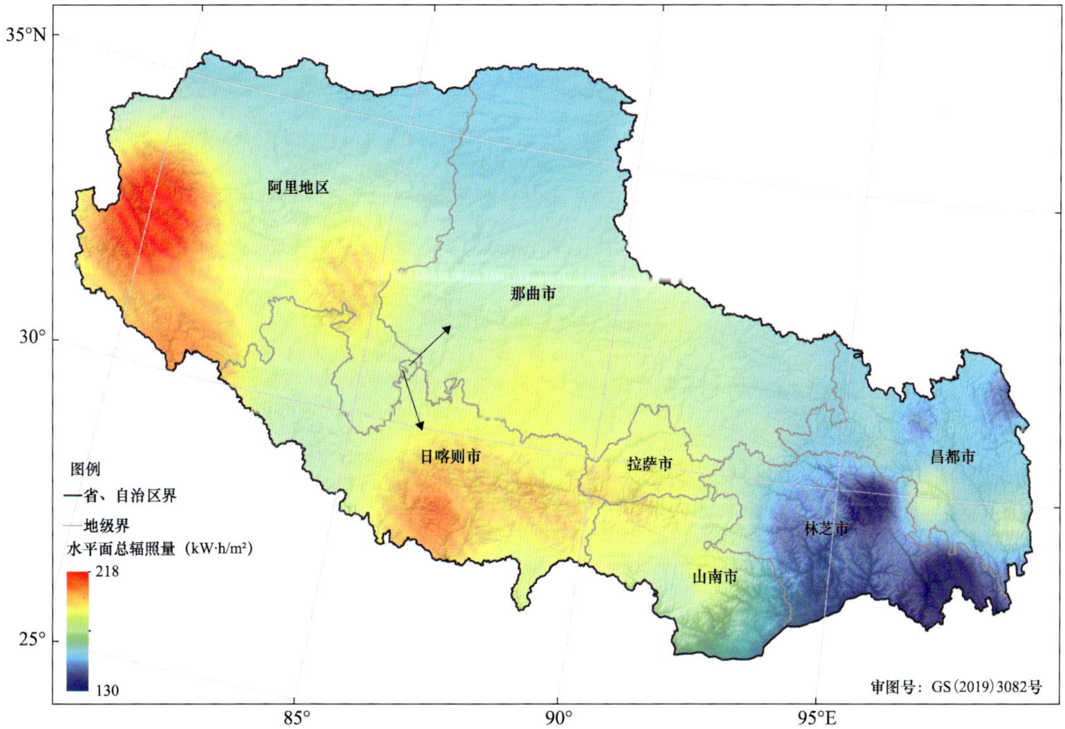

图 6.31　西藏自治区 4 月水平面总辐照量空间分布

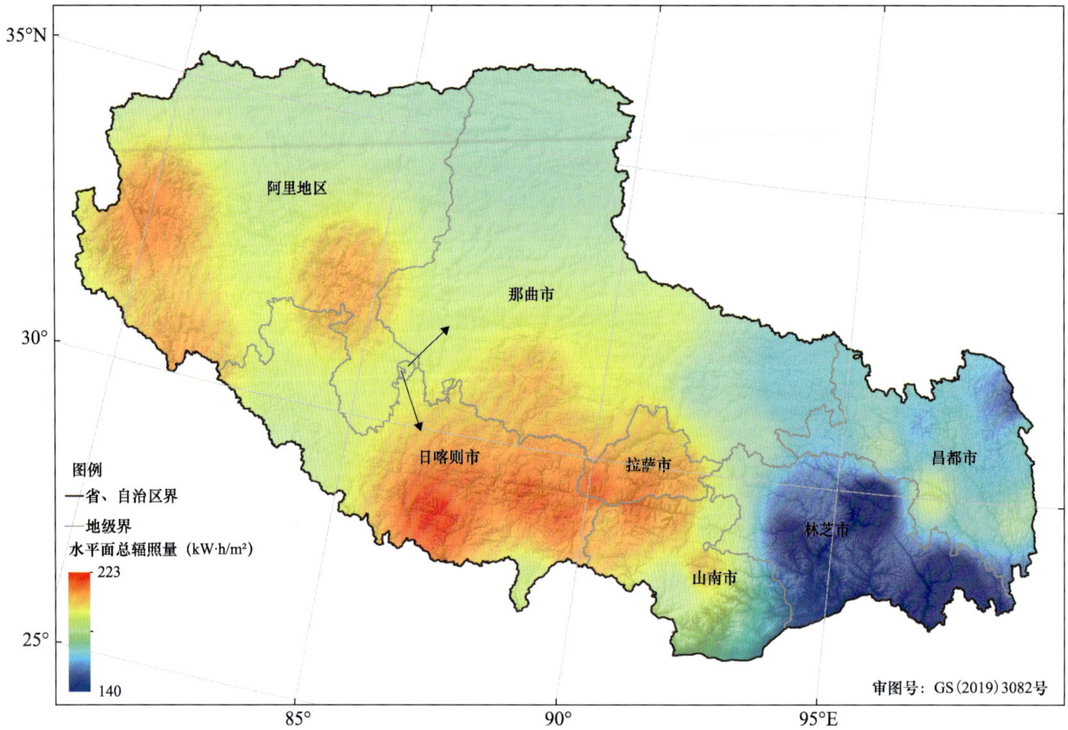

图 6.32　西藏自治区 5 月水平面总辐照量空间分布

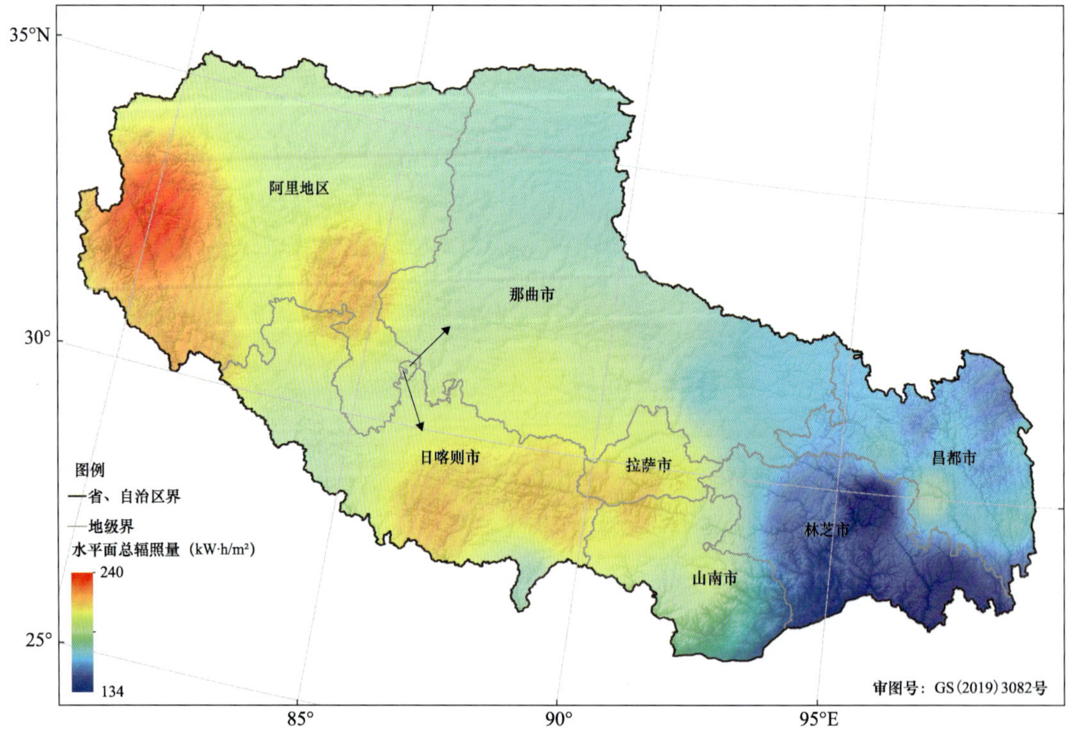

图 6.33　西藏自治区 6 月水平面总辐照量空间分布

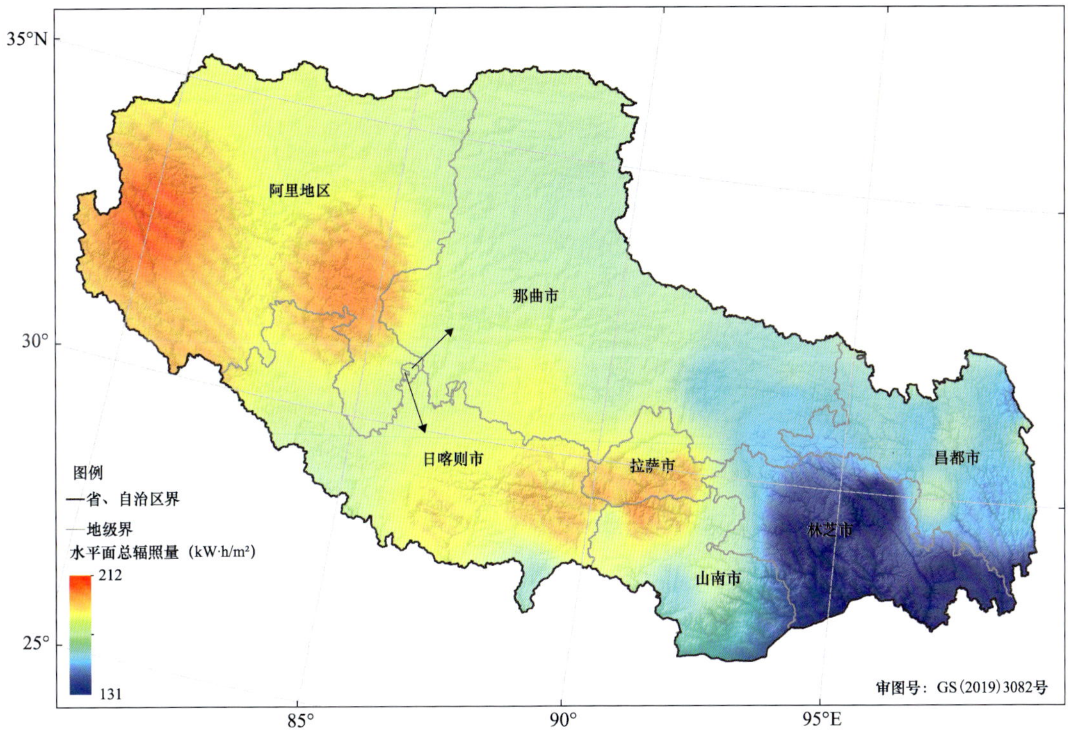

图 6.34　西藏自治区 7 月水平面总辐照量空间分布

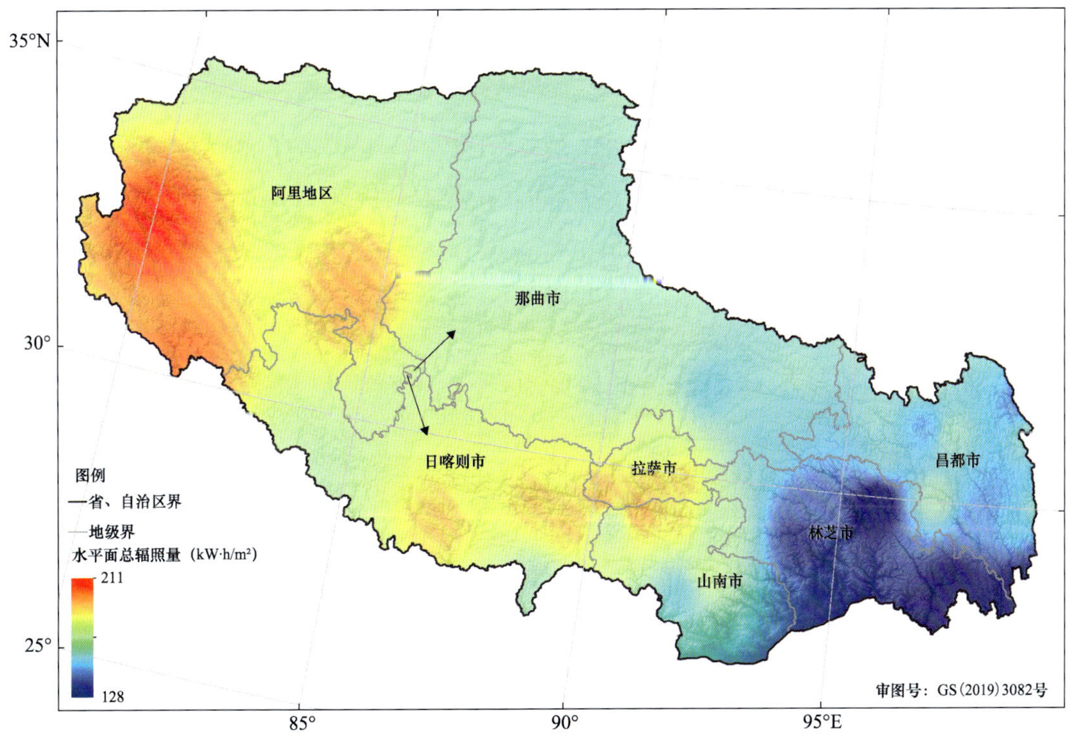

图 6.35　西藏自治区 8 月水平面总辐照量空间分布

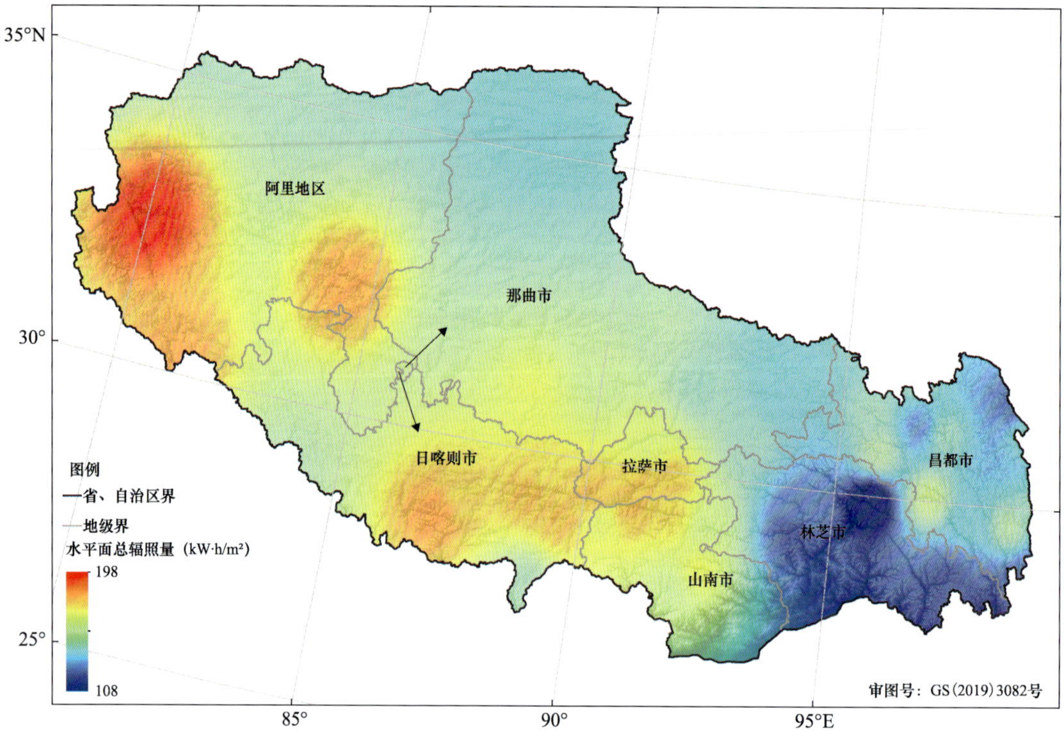

图 6.36　西藏自治区 9 月水平面总辐照量空间分布

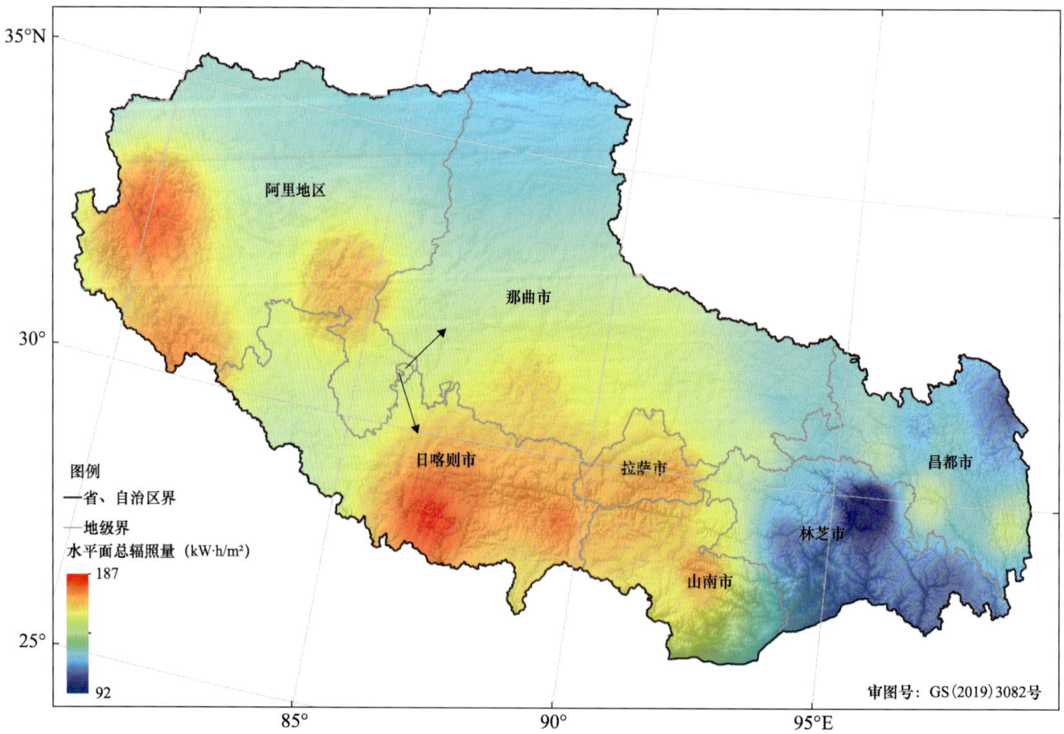

图 6.37　西藏自治区 10 月水平面总辐照量空间分布

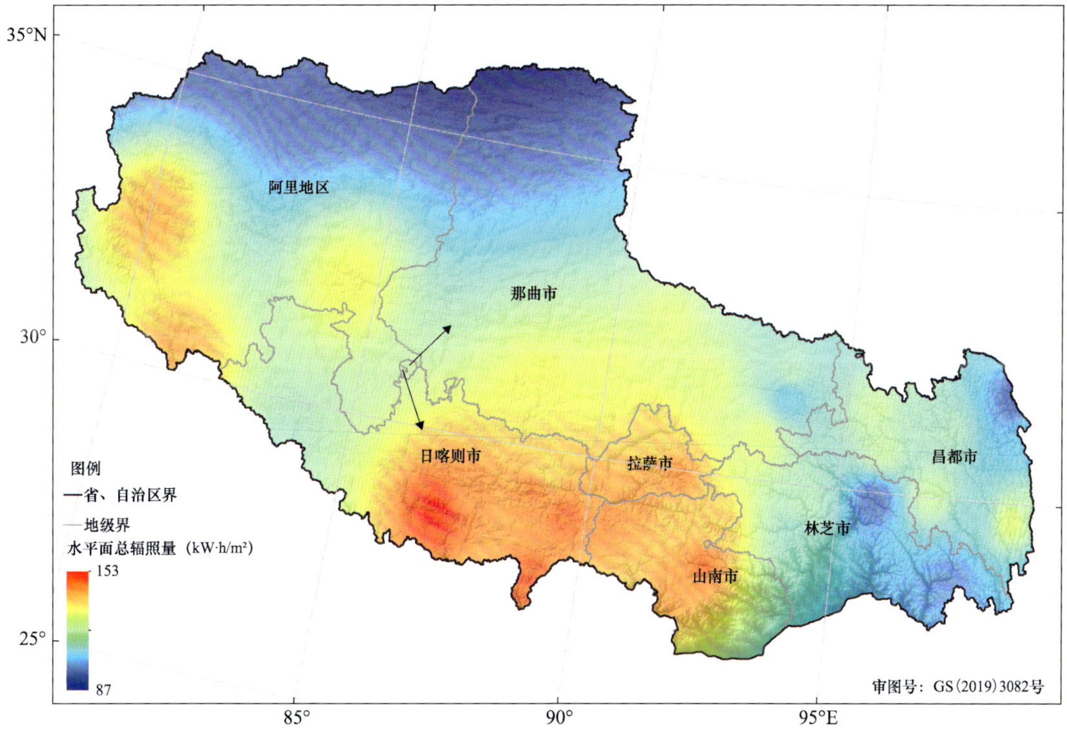

图6.38 西藏自治区11月水平面总辐照量空间分布

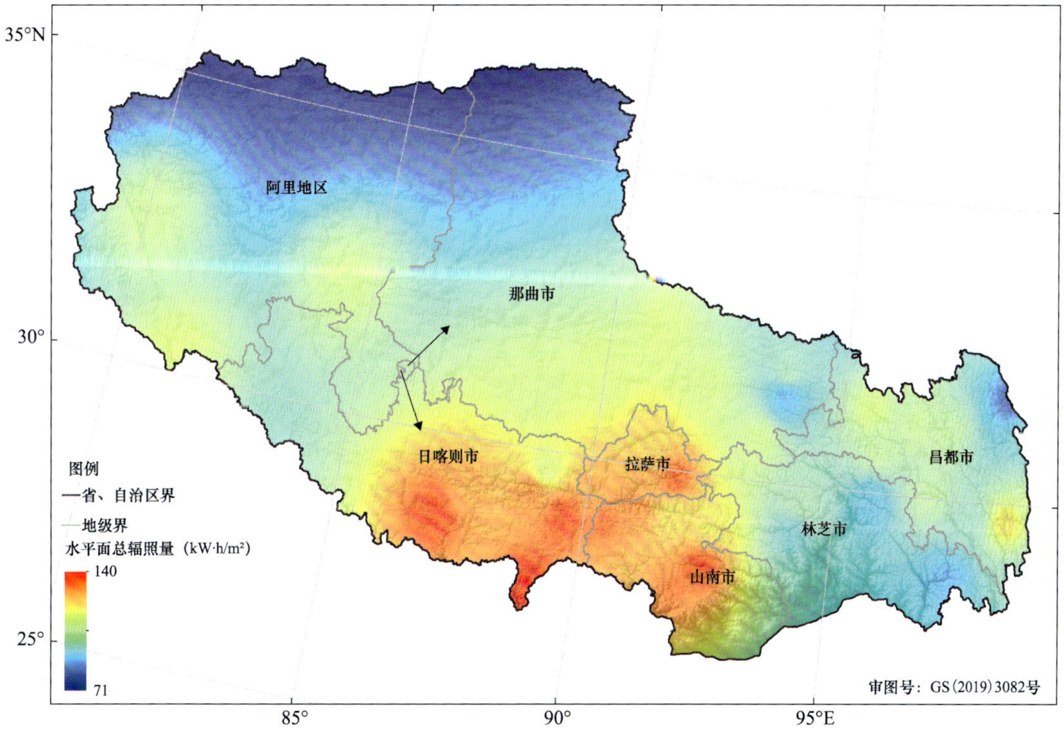

图6.39 西藏自治区12月水平面总辐照量空间分布

6.2.2　水平面直接辐射

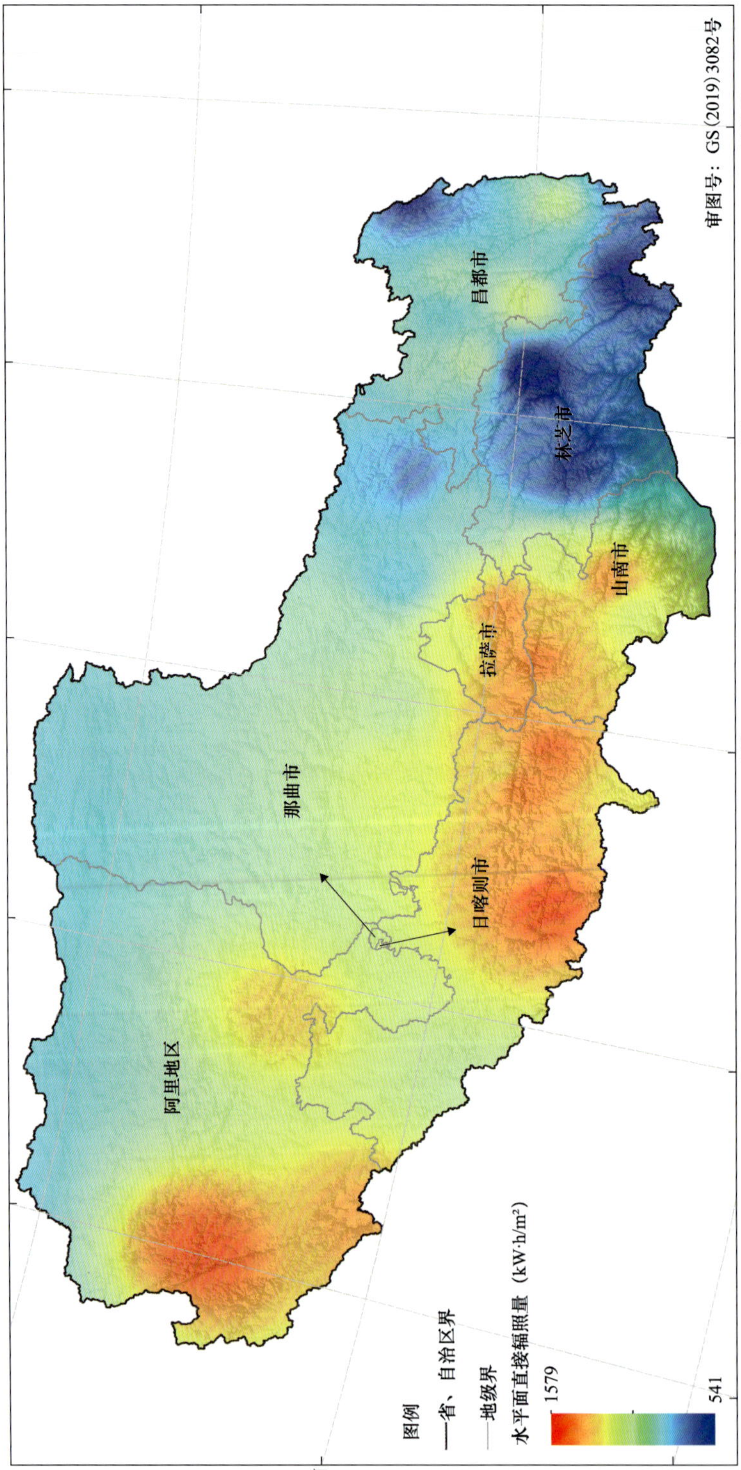

图 6.40　西藏自治区年水平面直接辐照量空间分布

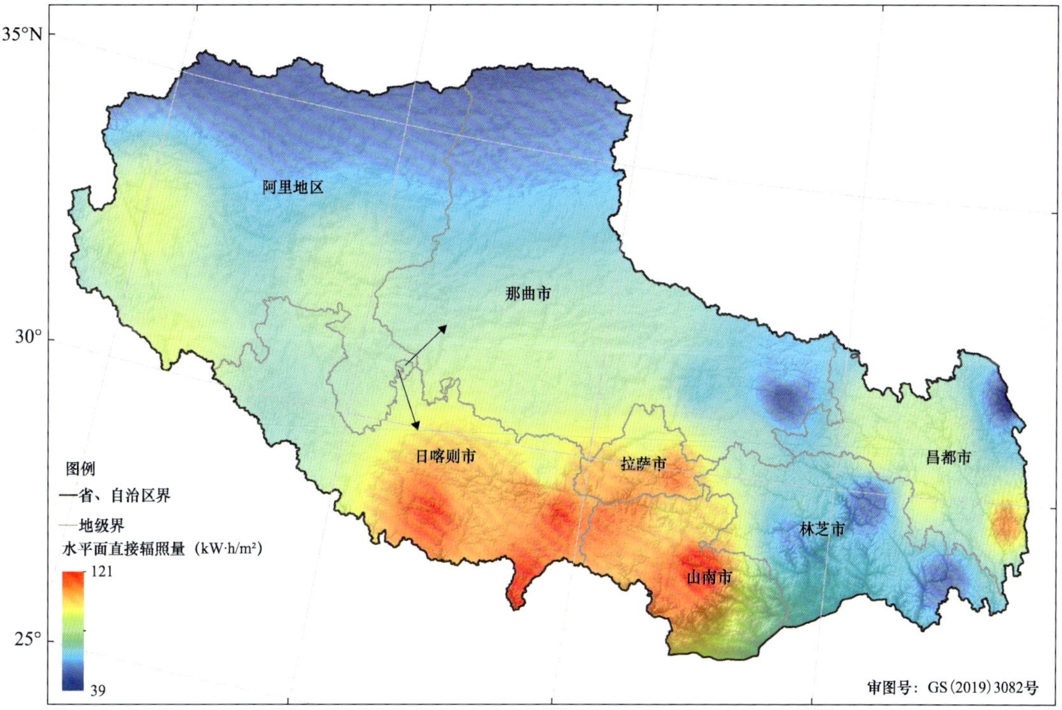

图 6.41　西藏自治区 1 月水平面直接辐照量空间分布

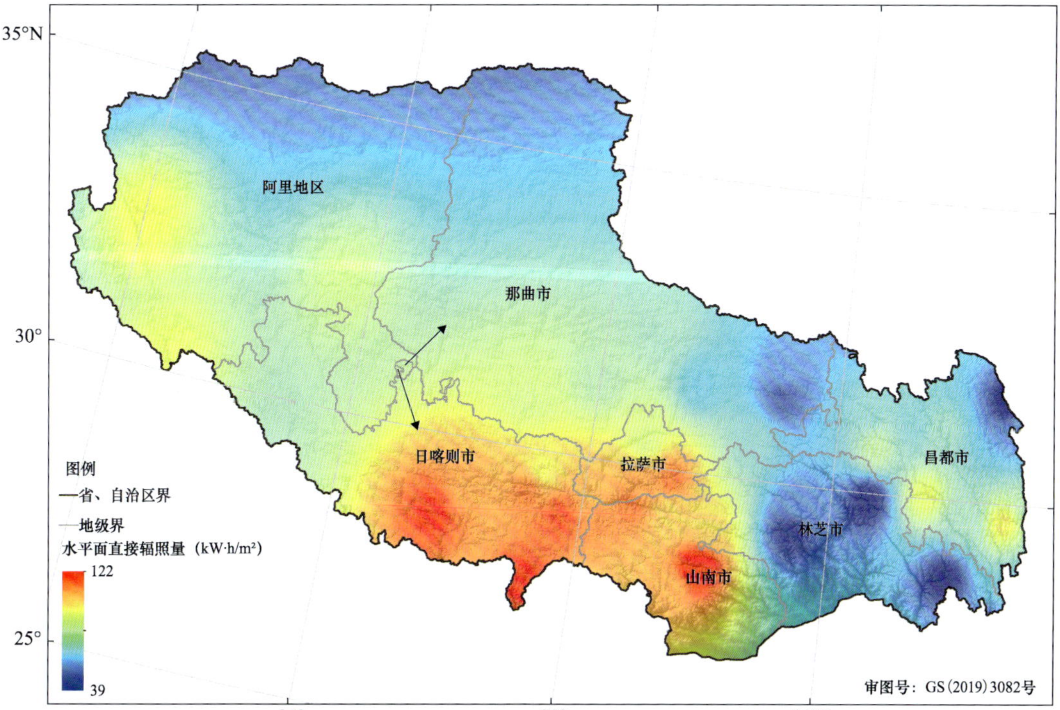

图 6.42　西藏自治区 2 月水平面直接辐照量空间分布

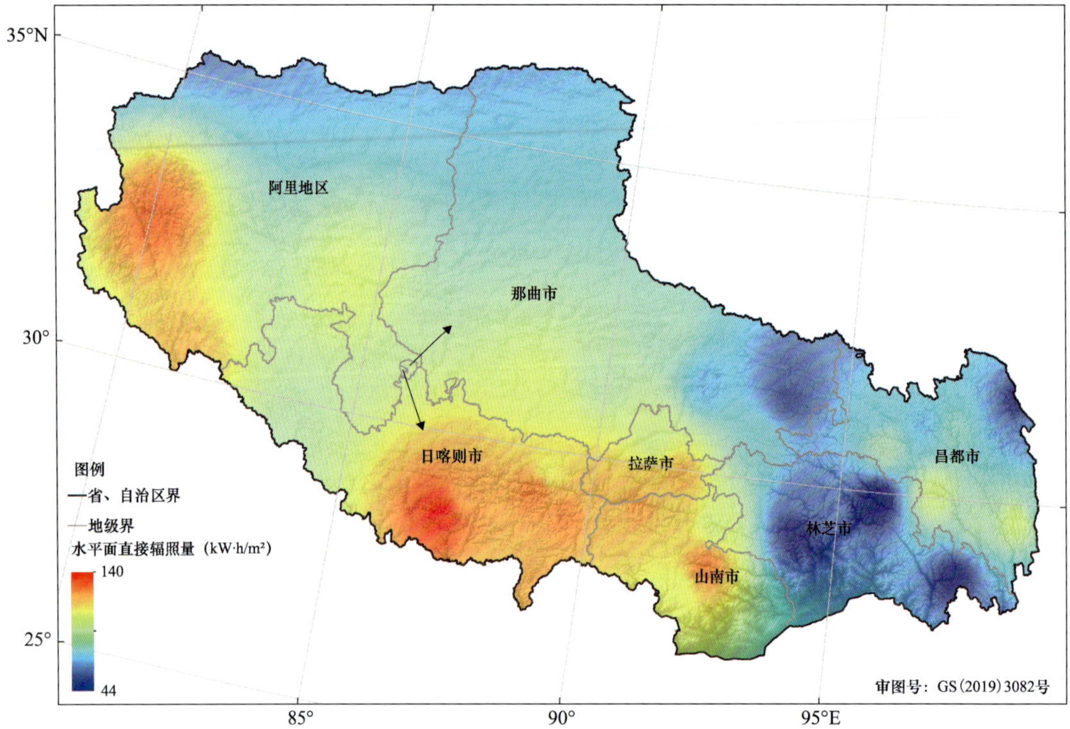

图 6.43　西藏自治区 3 月水平面直接辐照量空间分布

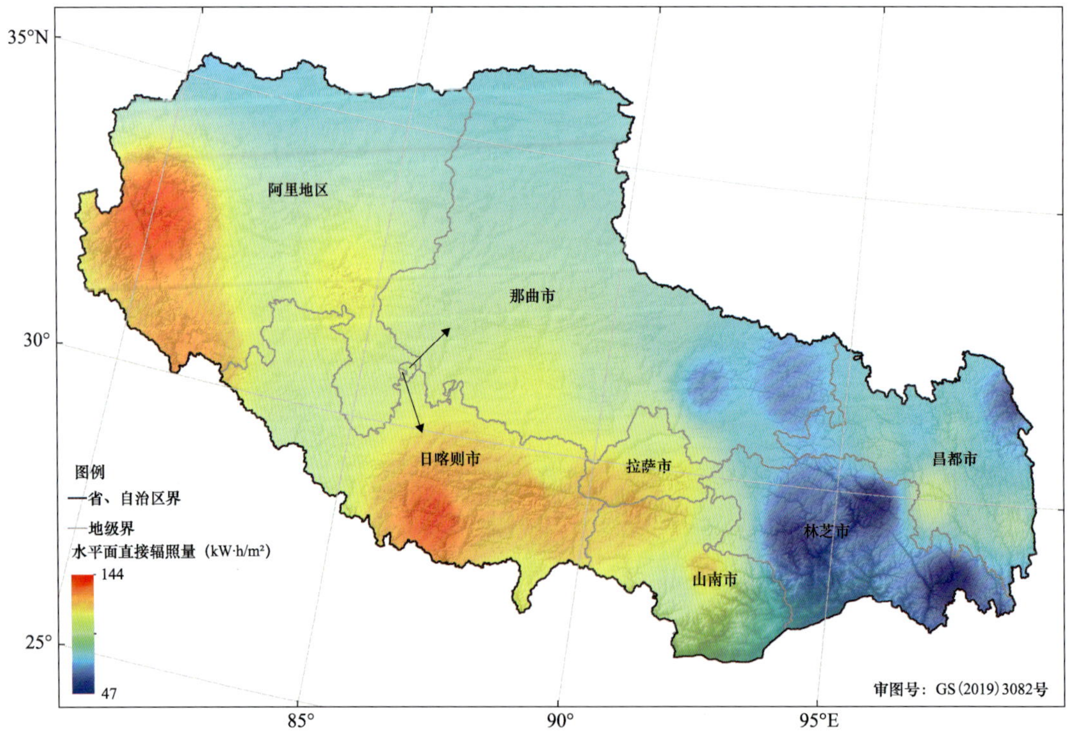

图 6.44　西藏自治区 4 月水平面直接辐照量空间分布

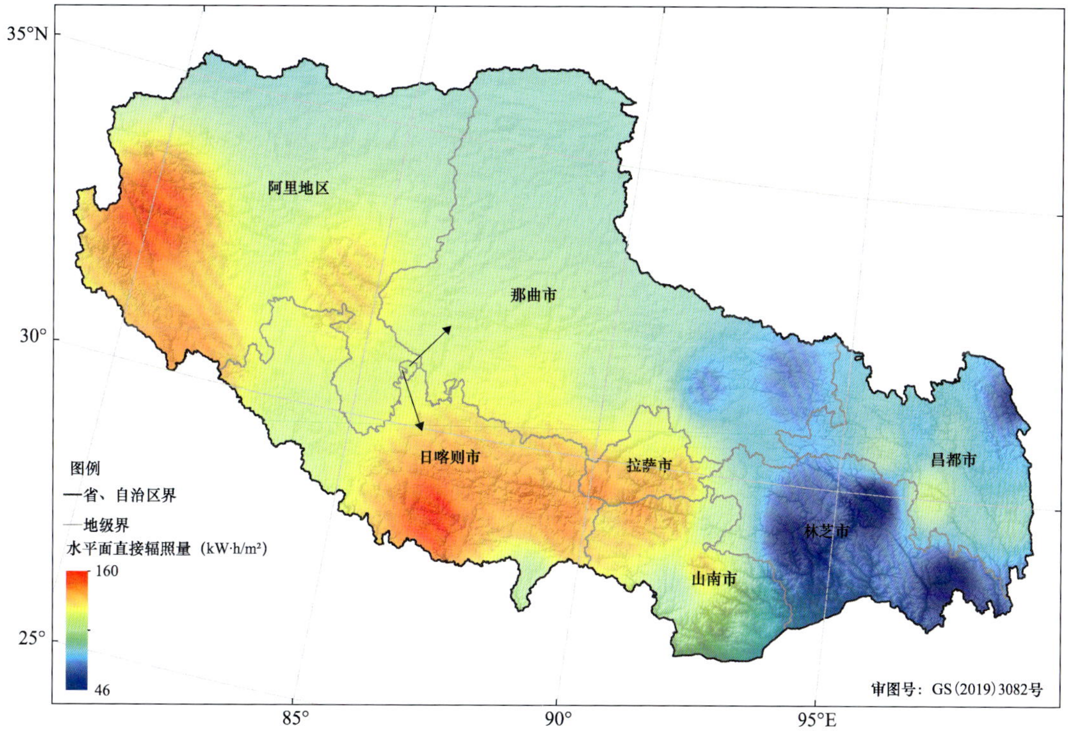

图 6.45　西藏自治区 5 月水平面直接辐照量空间分布

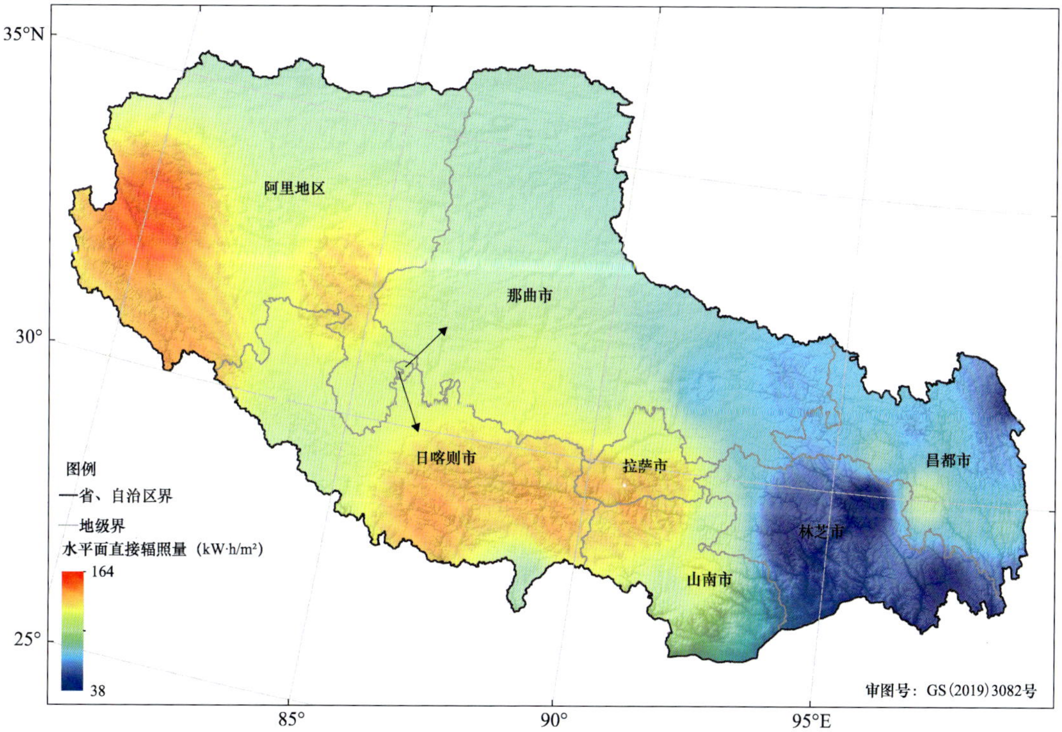

图 6.46　西藏自治区 6 月水平面直接辐照量空间分布

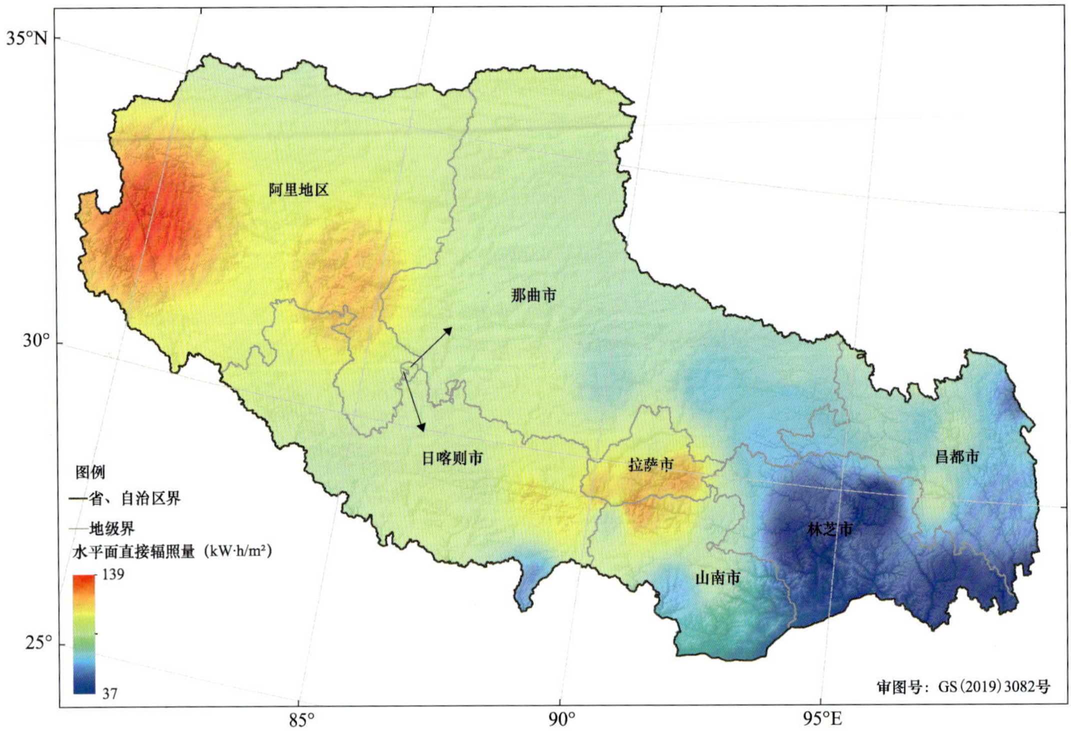

图 6.47　西藏自治区 7 月水平面直接辐照量空间分布

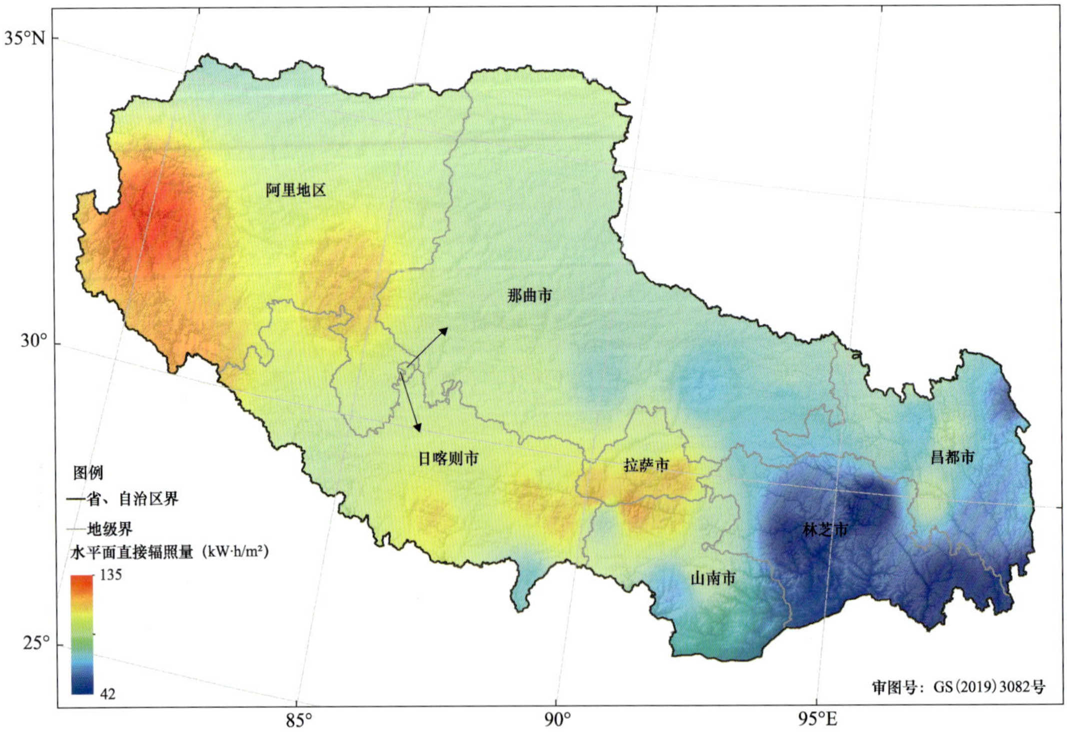

图 6.48　西藏自治区 8 月水平面直接辐照量空间分布

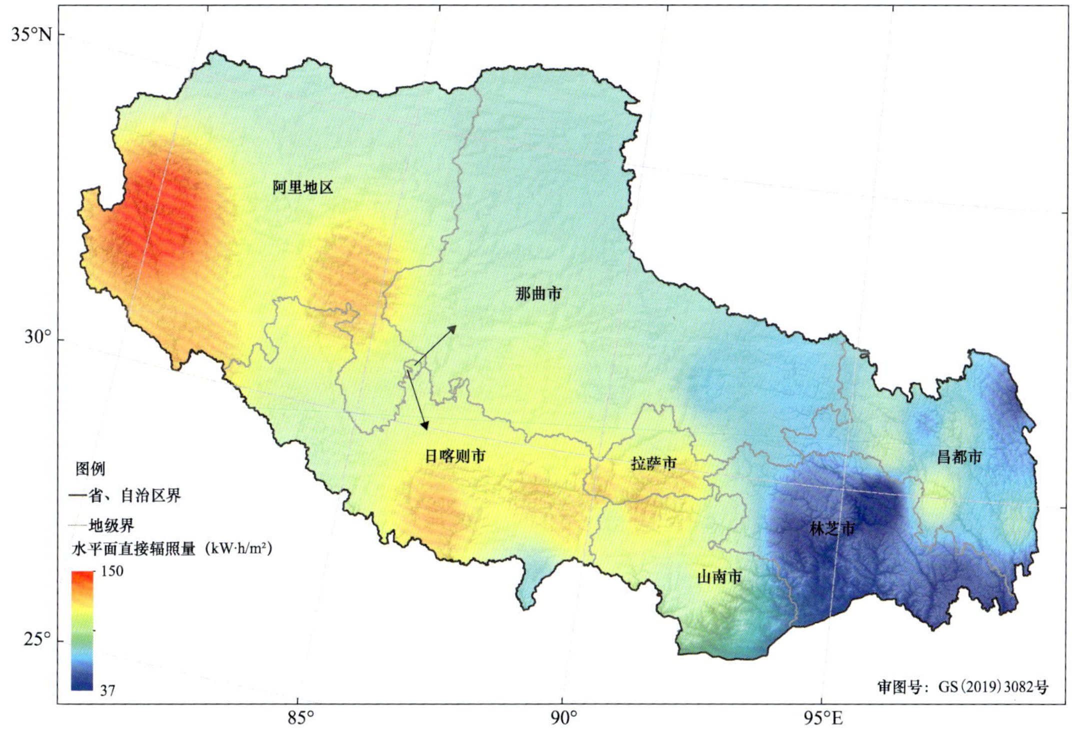

图 6.49　西藏自治区 9 月水平面直接辐照量空间分布

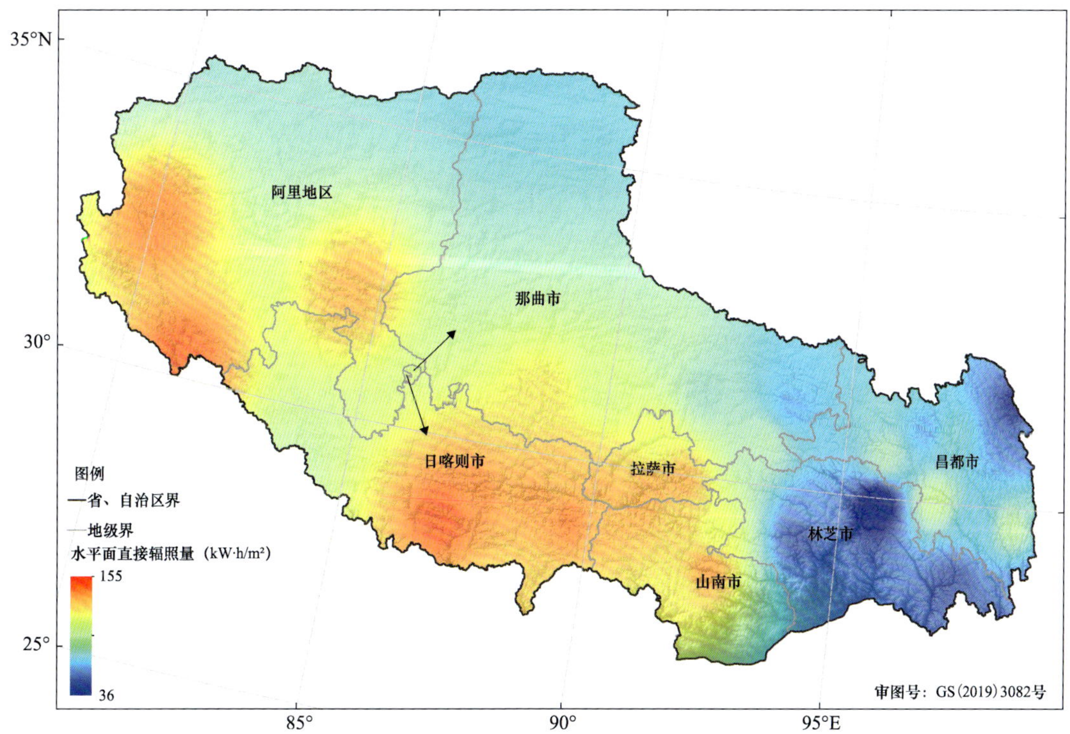

图 6.50　西藏自治区 10 月水平面直接辐照量空间分布

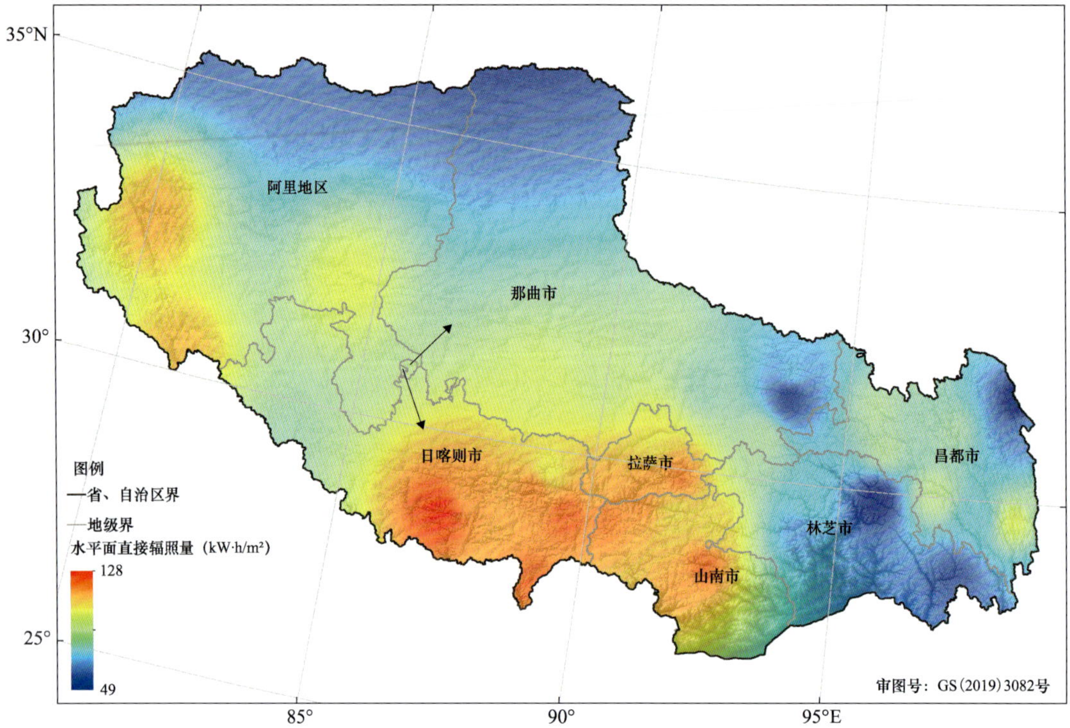

图 6.51　西藏自治区 11 月水平面直接辐照量空间分布

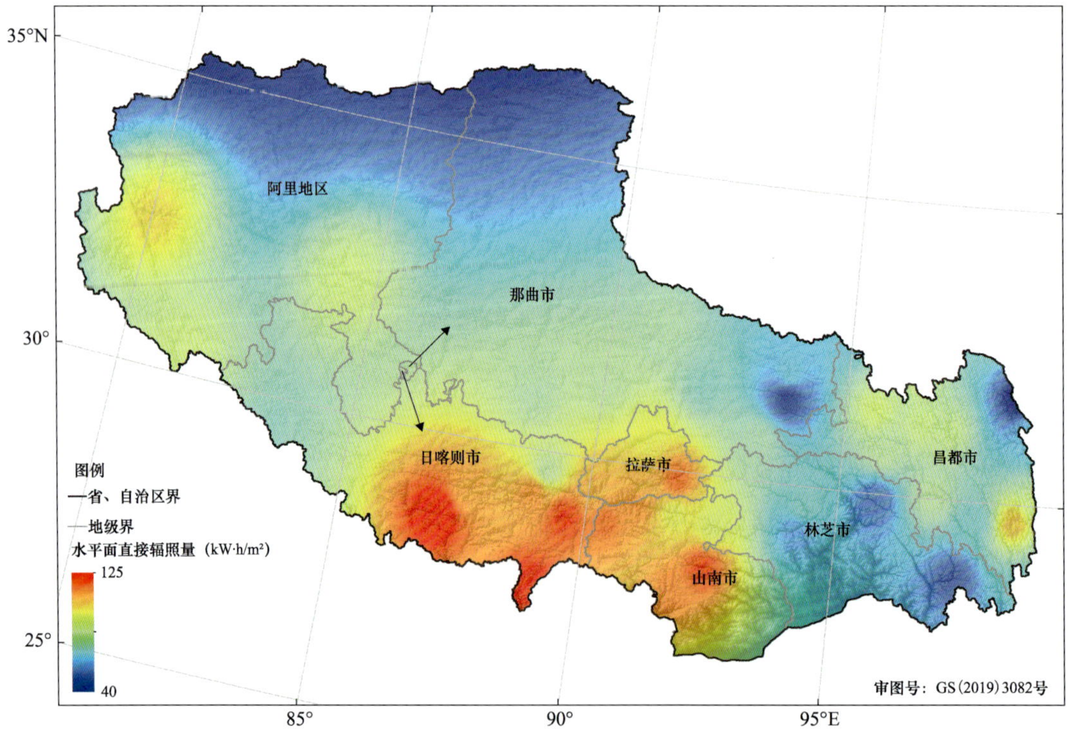

图 6.52　西藏自治区 12 月水平面直接辐照量空间分布

6.2.3　水平面散射辐射

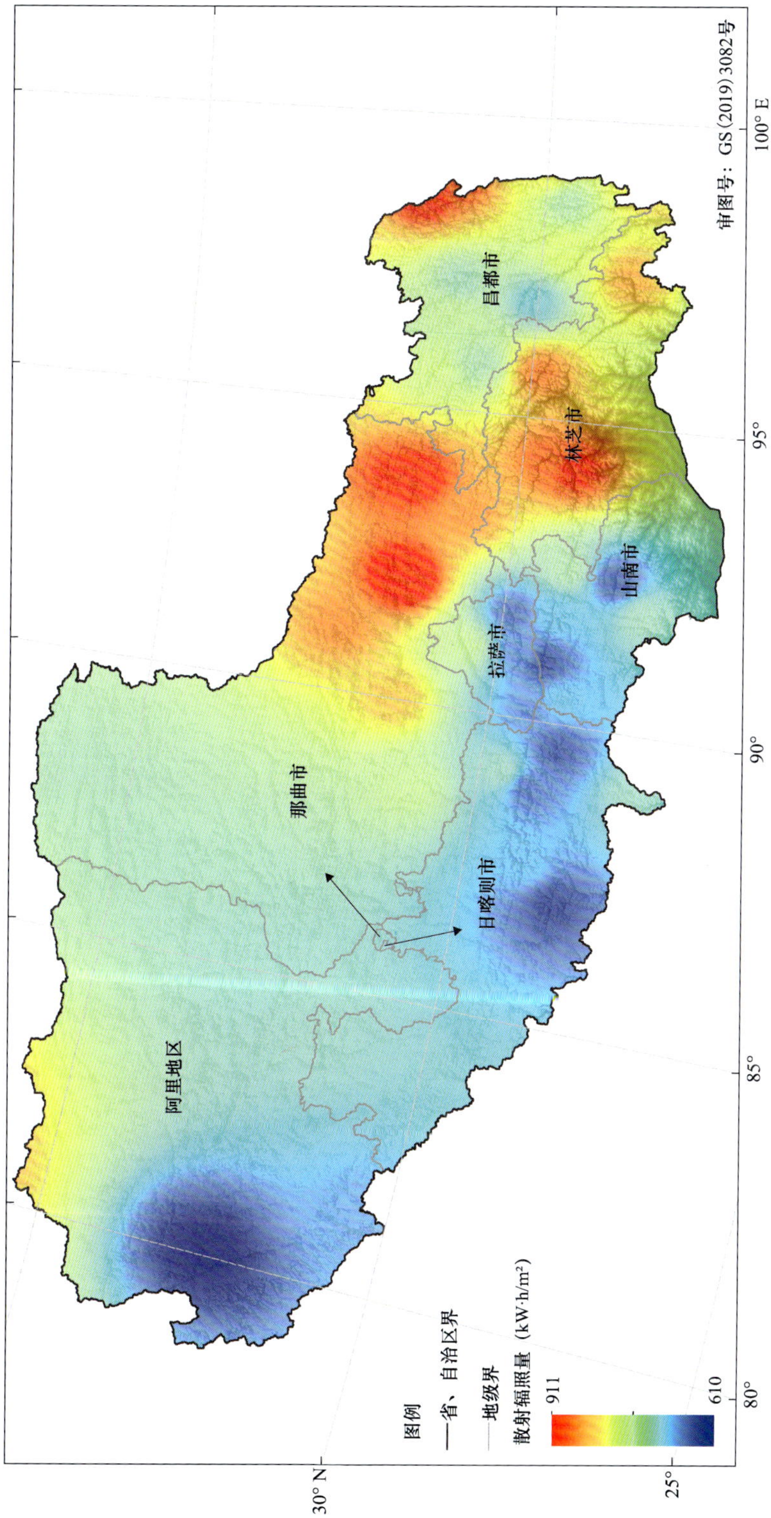

图 6.53　西藏自治区年水平面散射辐照量空间分布

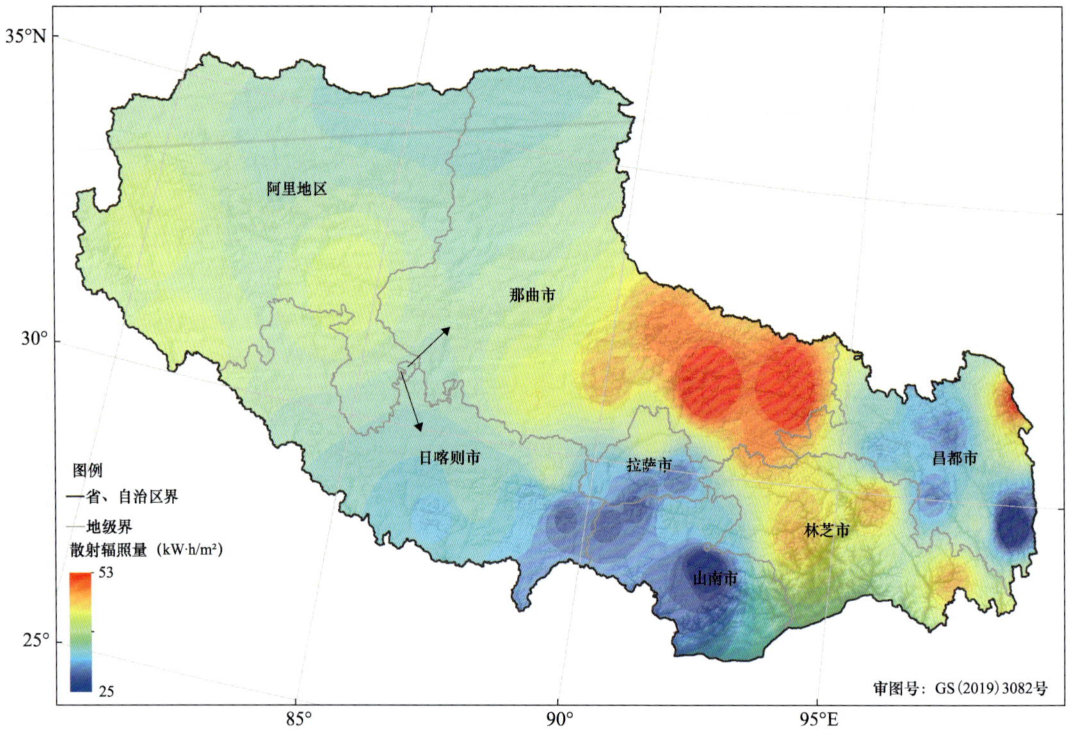

图 6.54 西藏自治区 1 月水平面散射辐照量空间分布

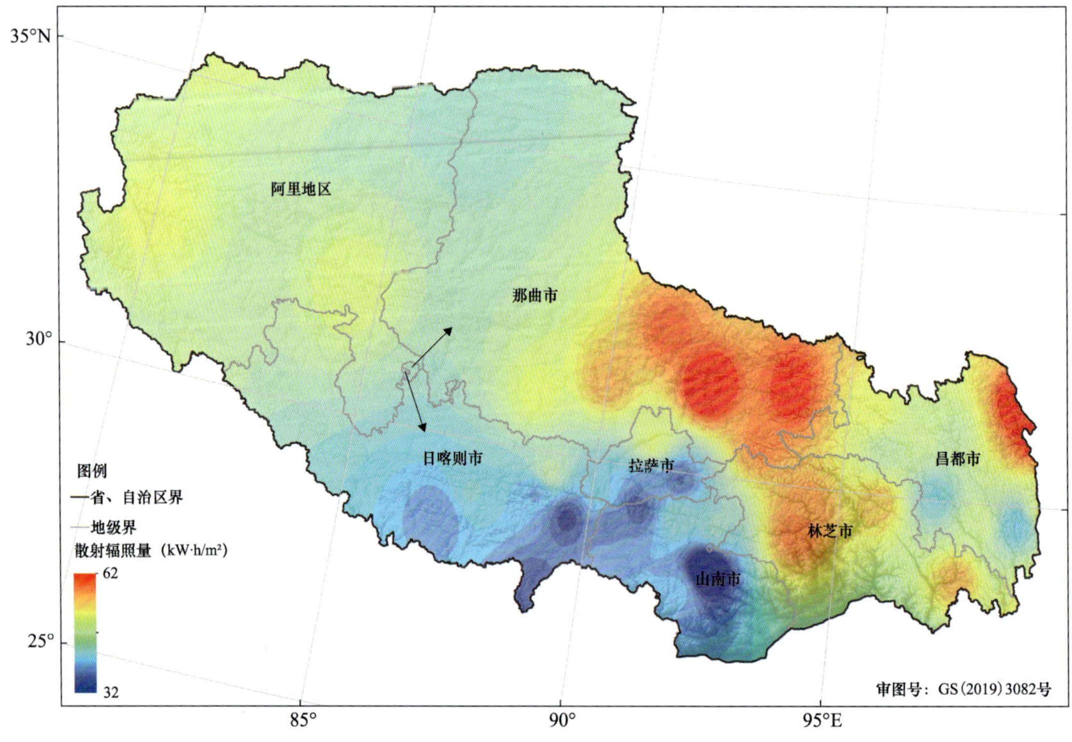

图 6.55 西藏自治区 2 月水平面散射辐照量空间分布

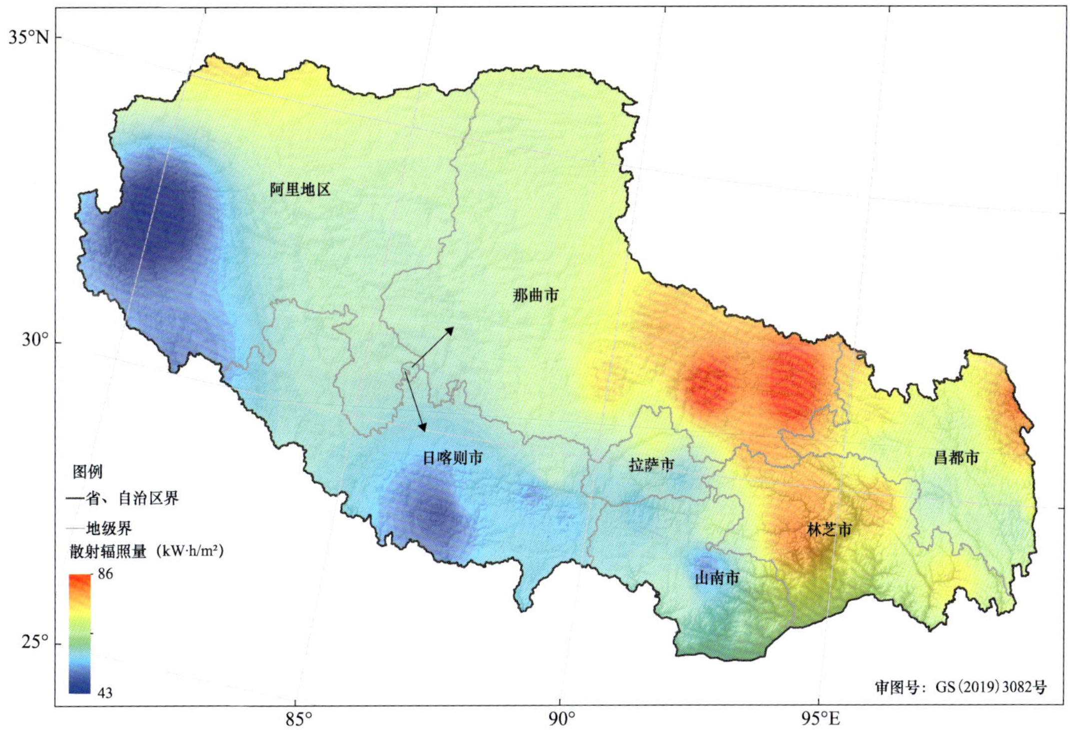

图 6.56　西藏自治区 3 月水平面散射辐照量空间分布

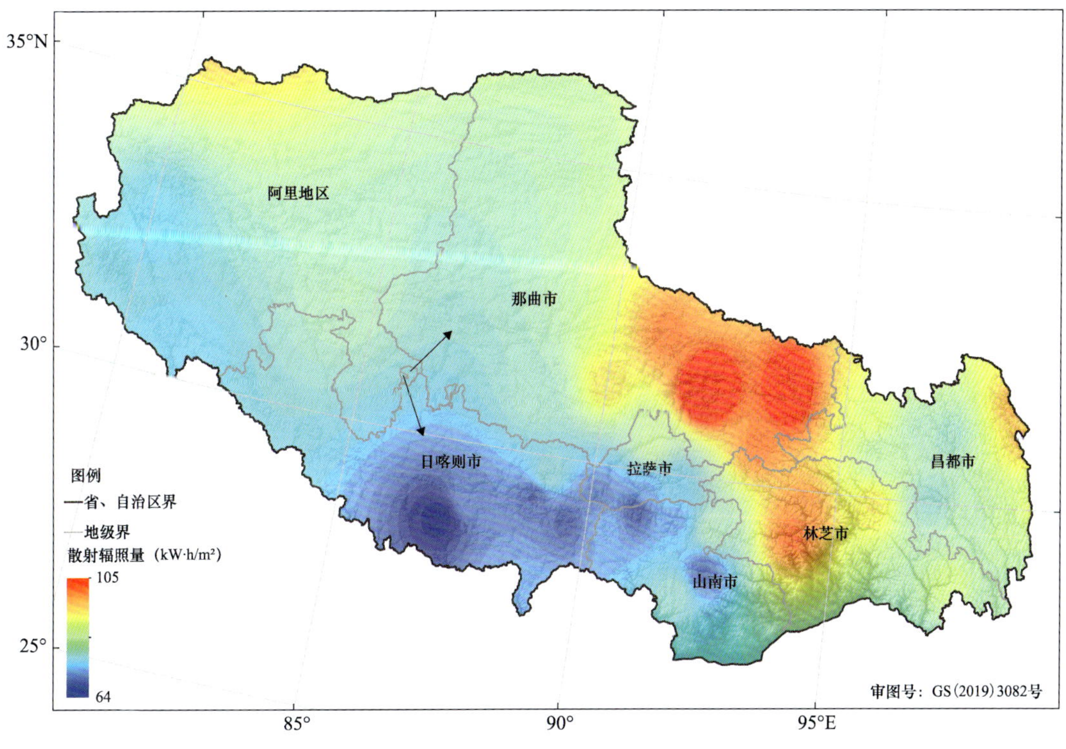

图 6.57　西藏自治区 4 月水平面散射辐照量空间分布

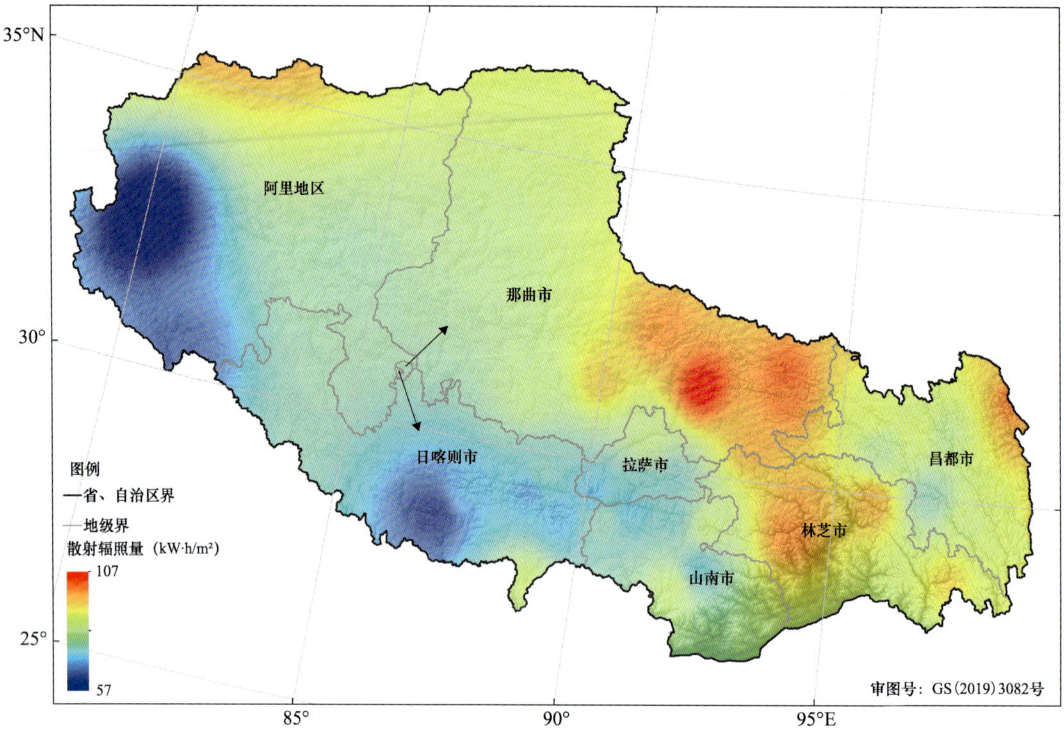

图 6.58　西藏自治区 5 月水平面散射辐照量空间分布

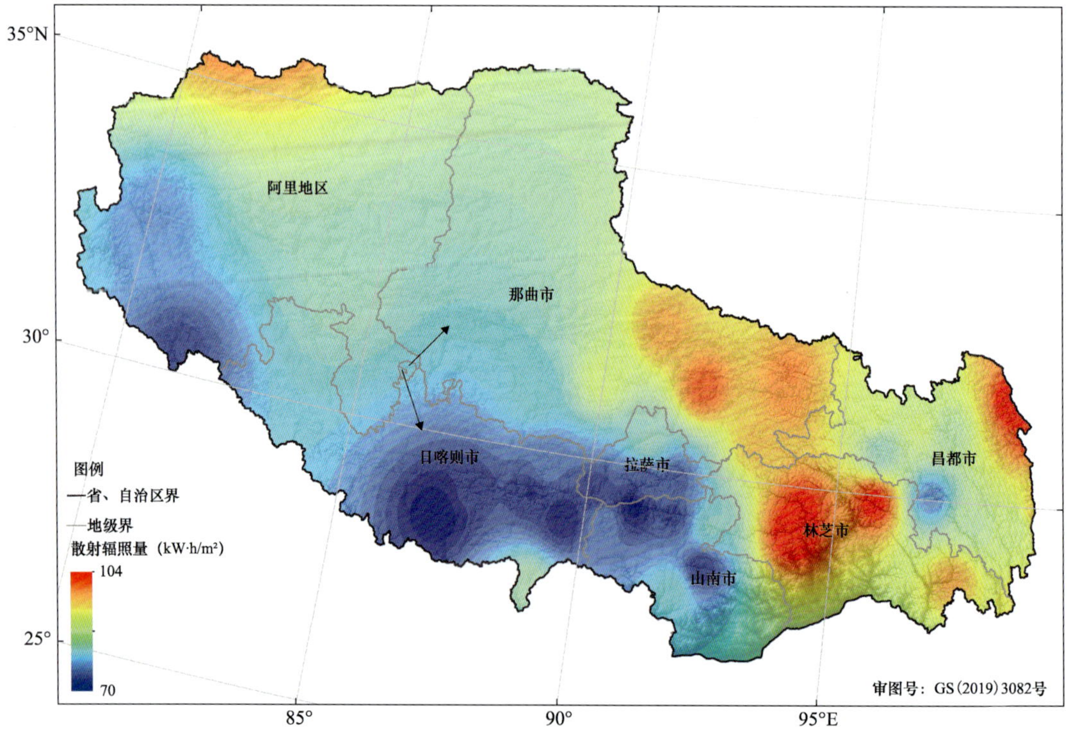

图 6.59　西藏自治区 6 月水平面散射辐照量空间分布

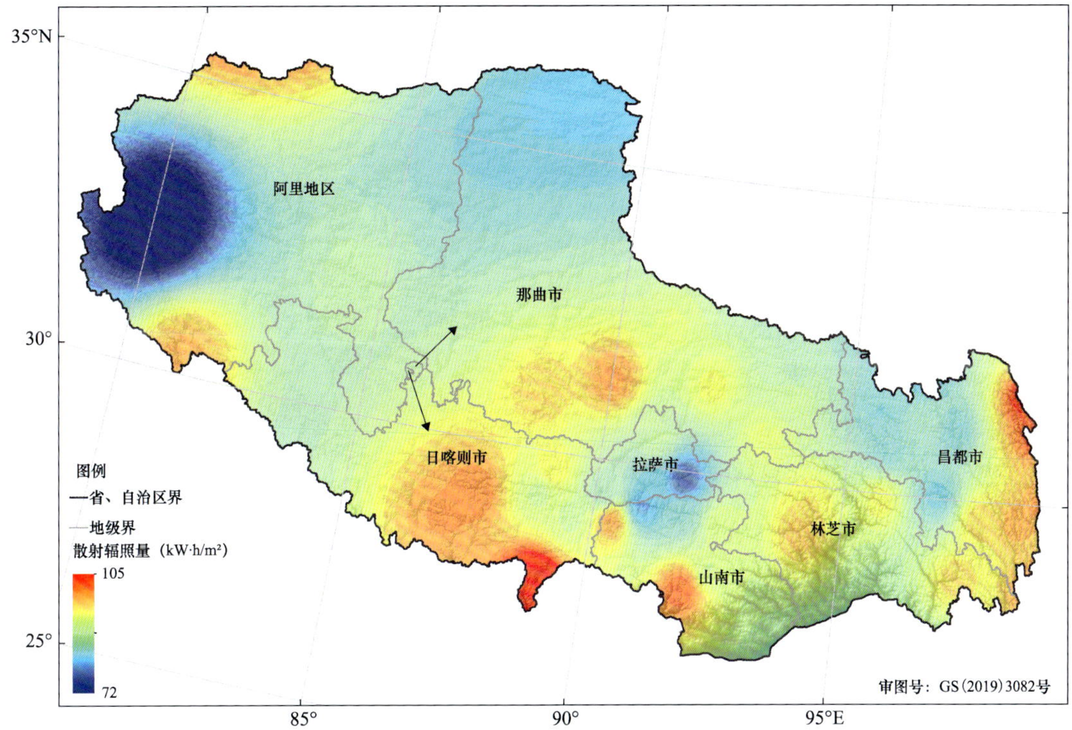

图 6.60　西藏自治区 7 月水平面散射辐照量空间分布

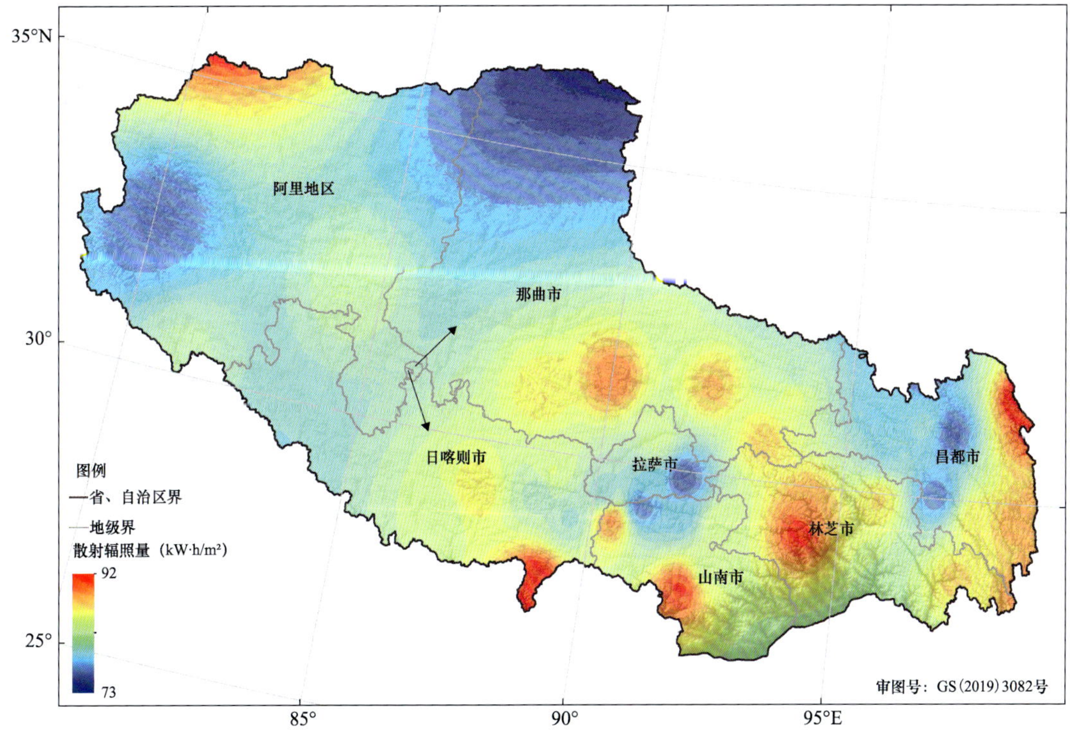

图 6.61　西藏自治区 8 月水平面散射辐照量空间分布

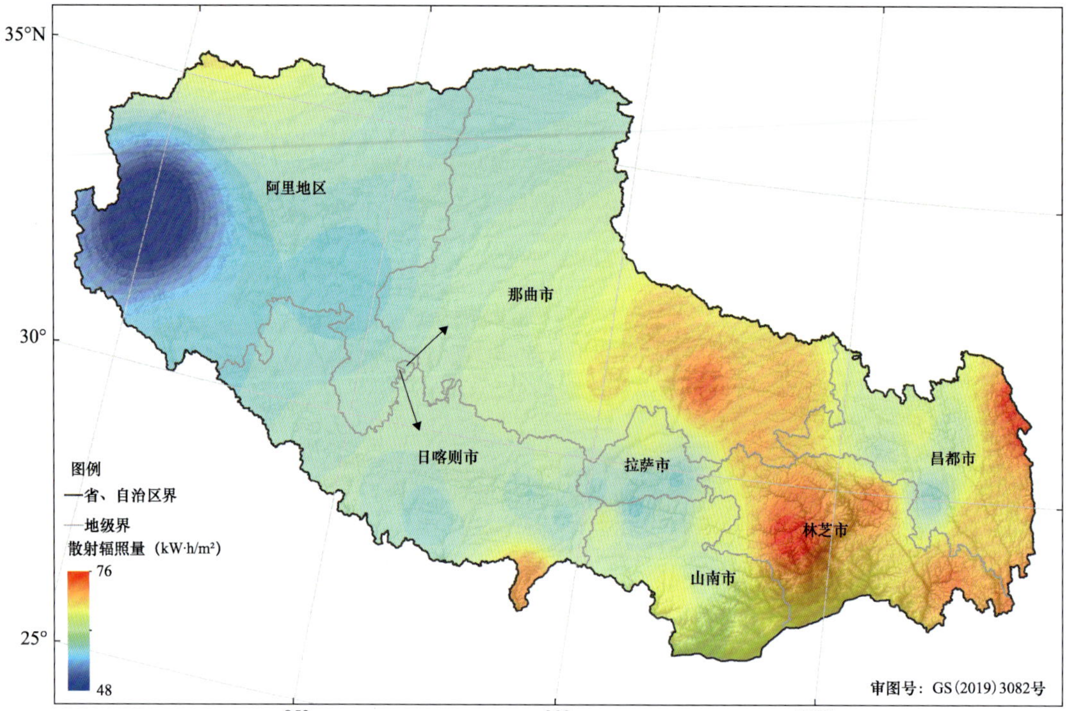

图 6.62　西藏自治区 9 月水平面散射辐照量空间分布

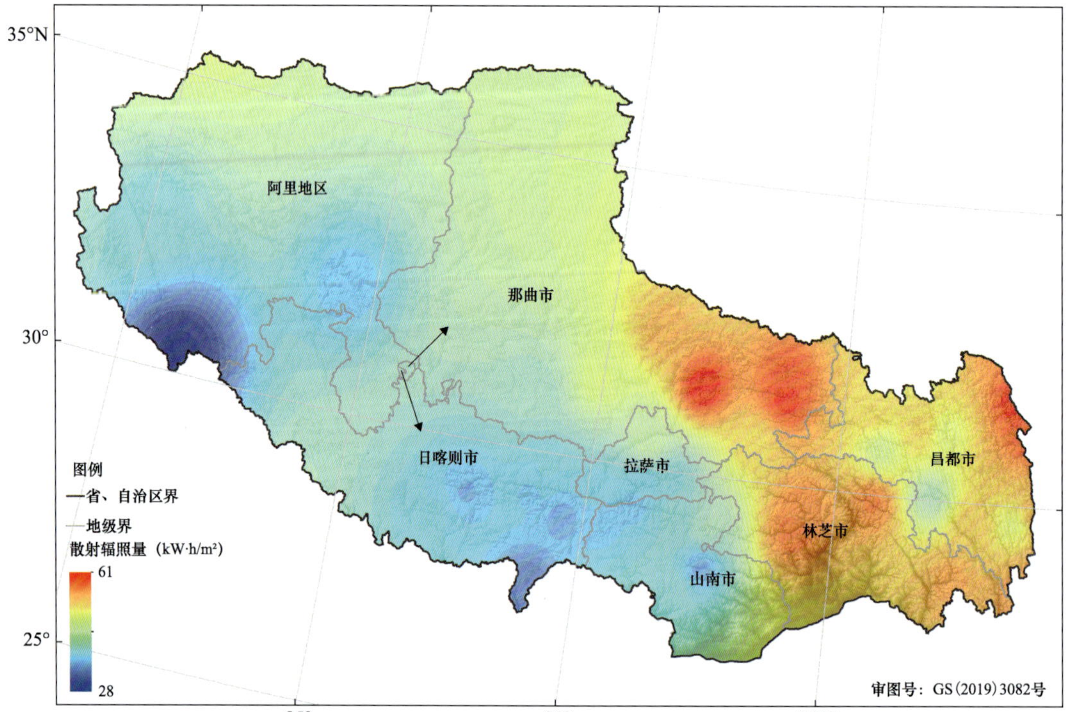

图 6.63　西藏自治区 10 月水平面散射辐照量空间分布

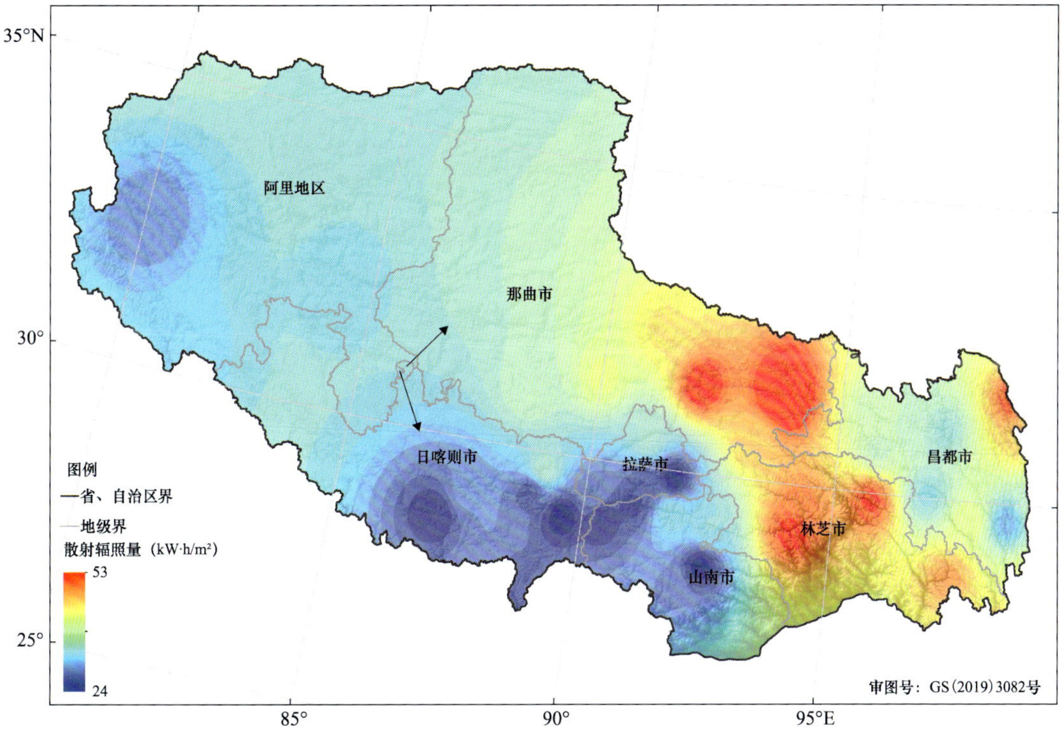

图 6.64　西藏自治区 11 月水平面散射辐照量空间分布

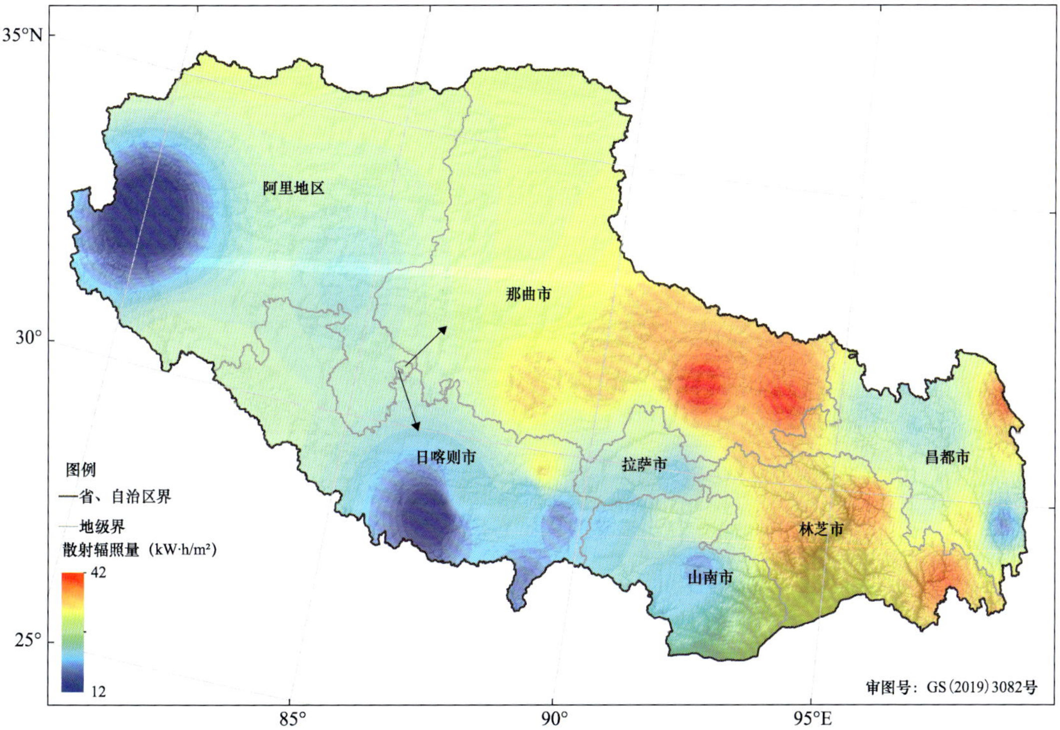

图 6.65　西藏自治区 12 月水平面散射辐照量空间分布

6.3　光伏发电太阳能资源

6.3.1　最佳倾角

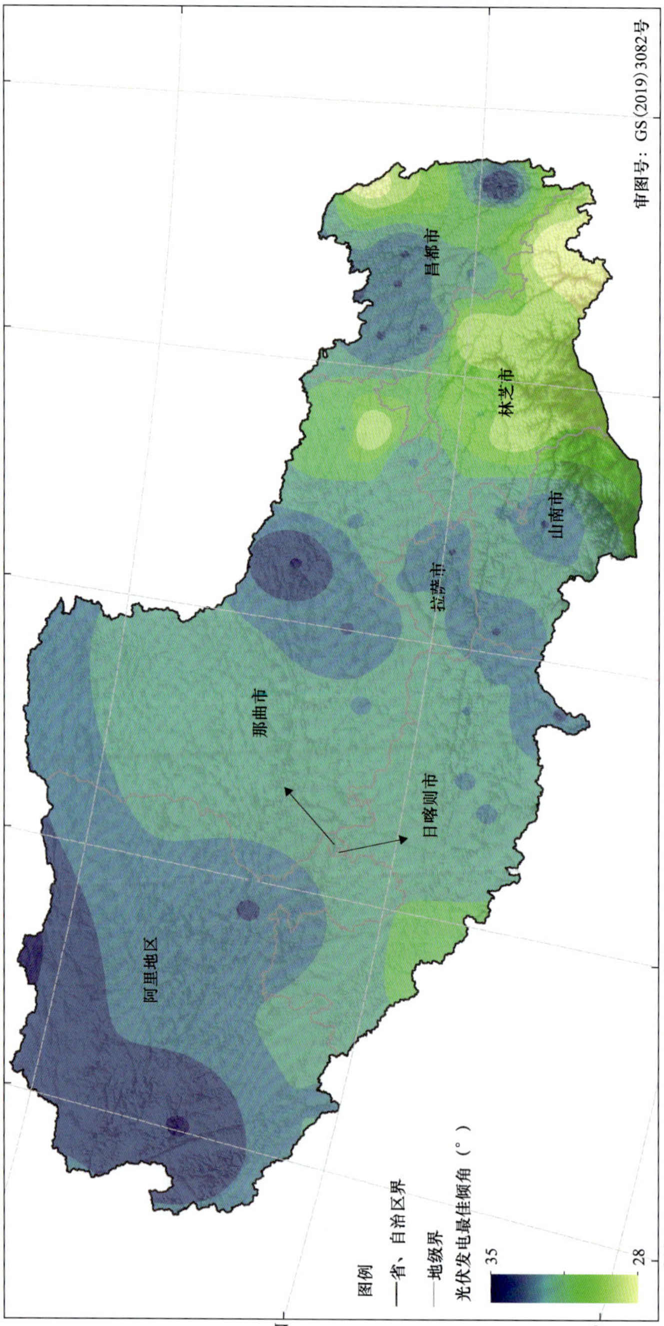

图 6.66　西藏自治区年光伏发电最佳倾角空间分布

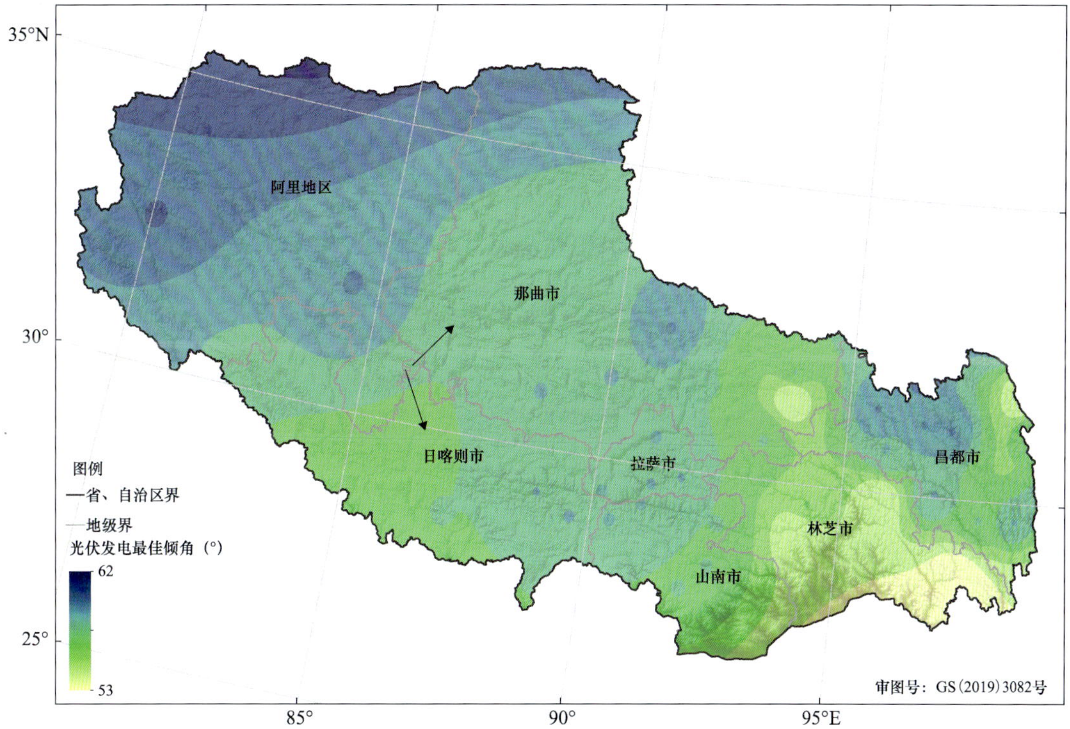

图 6.67　西藏自治区 1 月光伏发电最佳倾角空间分布

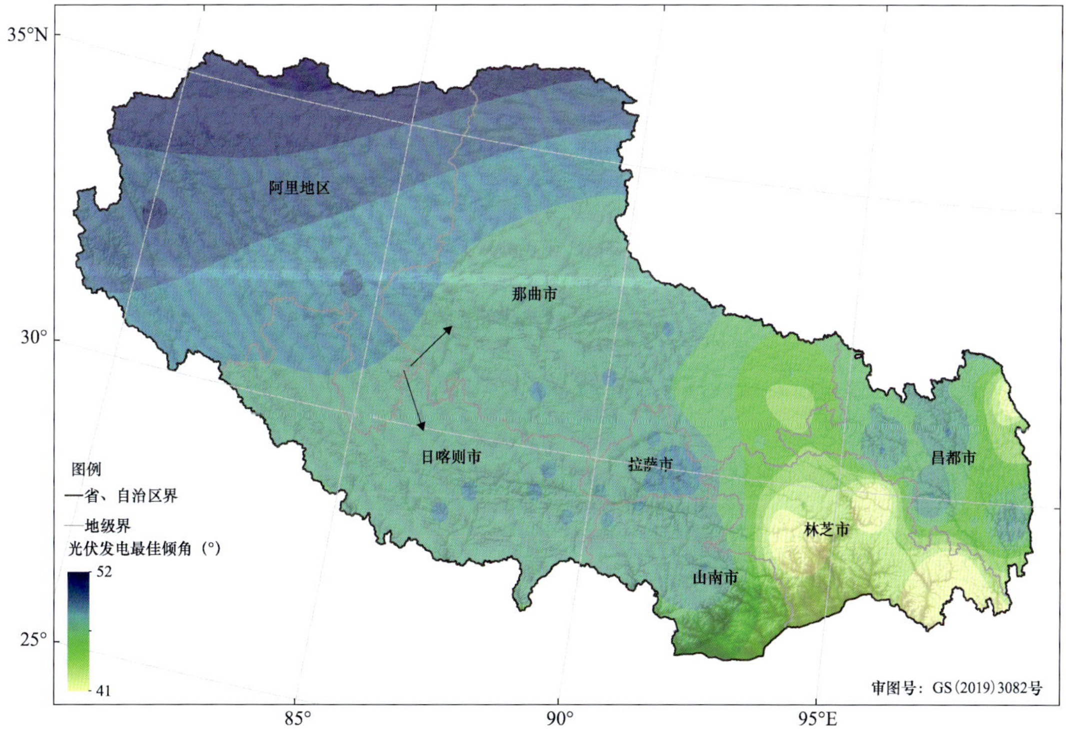

图 6.68　西藏自治区 2 月光伏发电最佳倾角空间分布

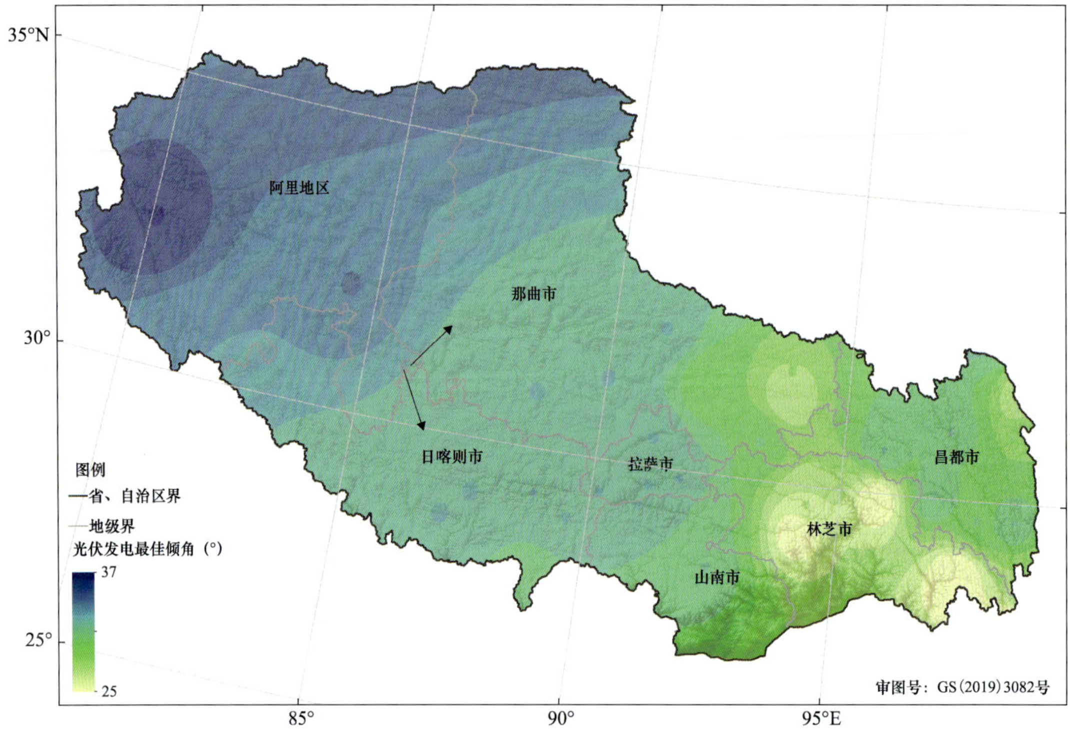

图 6.69　西藏自治区 3 月光伏发电最佳倾角空间分布

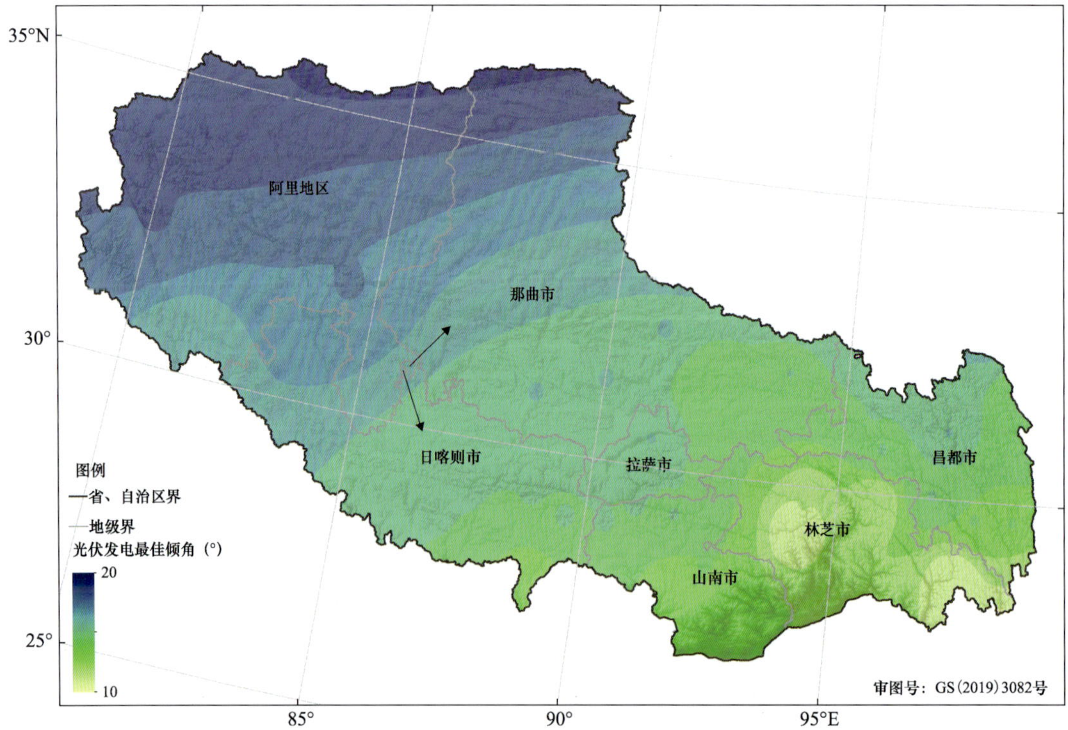

图 6.70　西藏自治区 4 月光伏发电最佳倾角空间分布

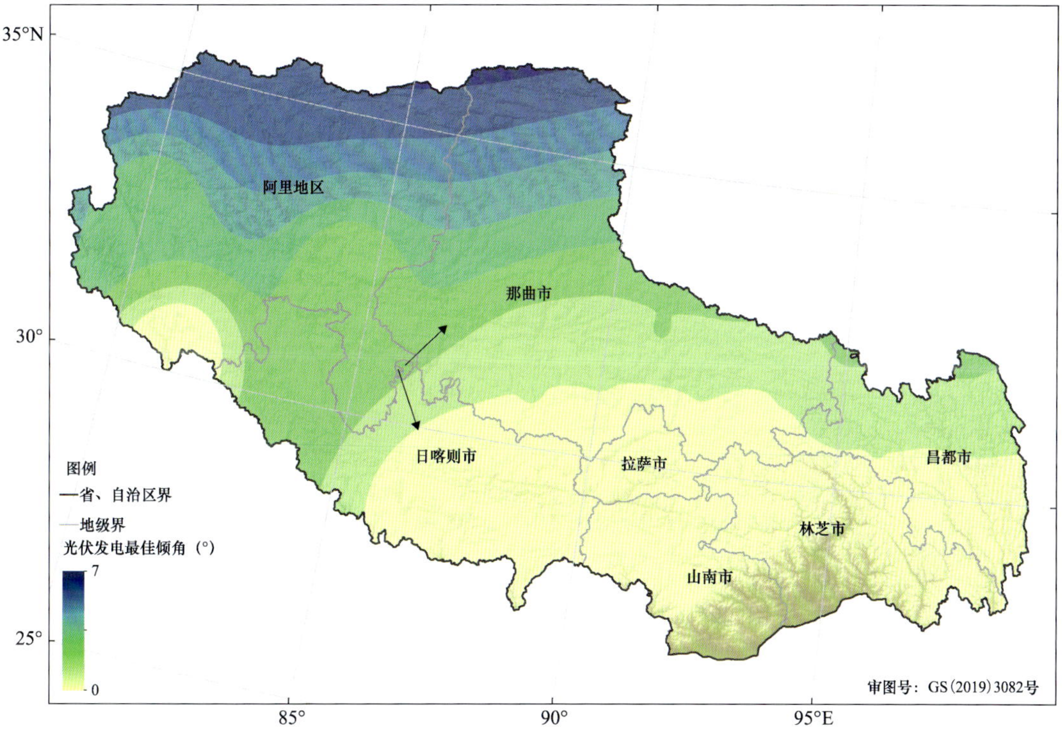

图 6.71　西藏自治区 5 月光伏发电最佳倾角空间分布

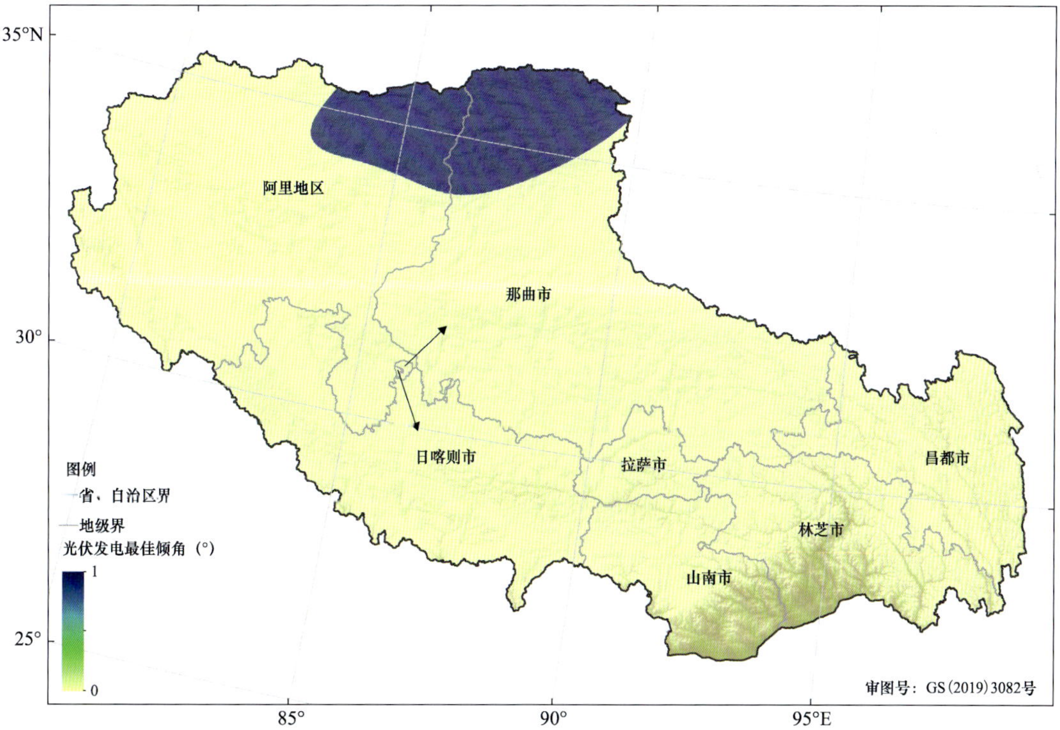

图 6.72　西藏自治区 6 月光伏发电最佳倾角空间分布

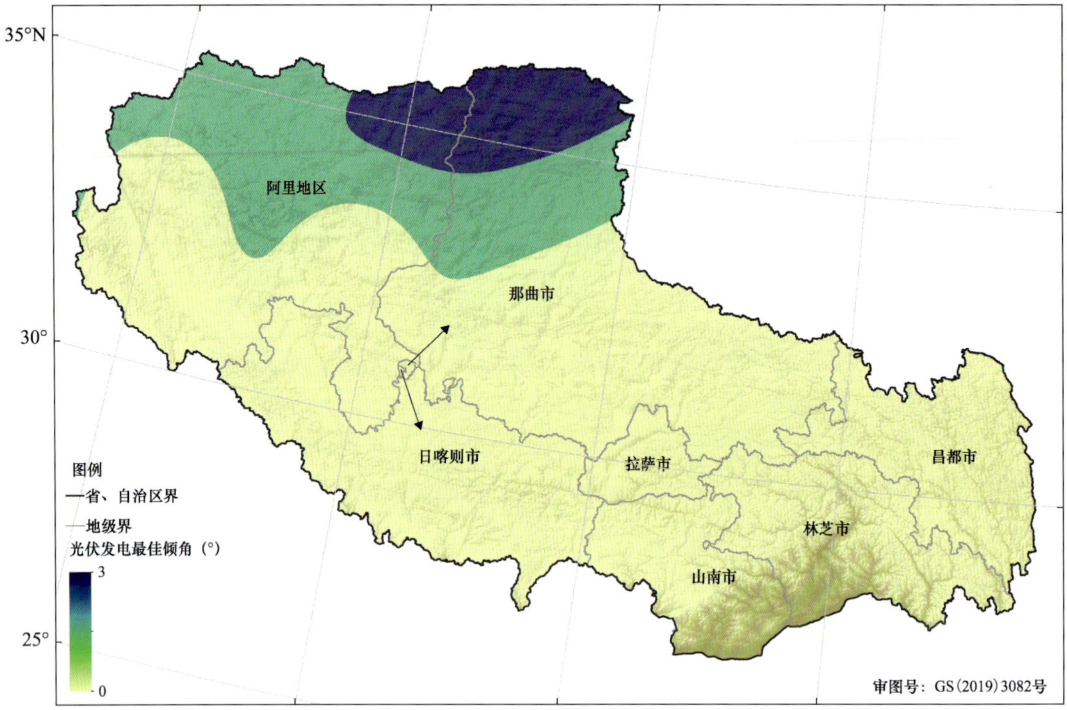

图 6.73　西藏自治区 7 月光伏发电最佳倾角空间分布

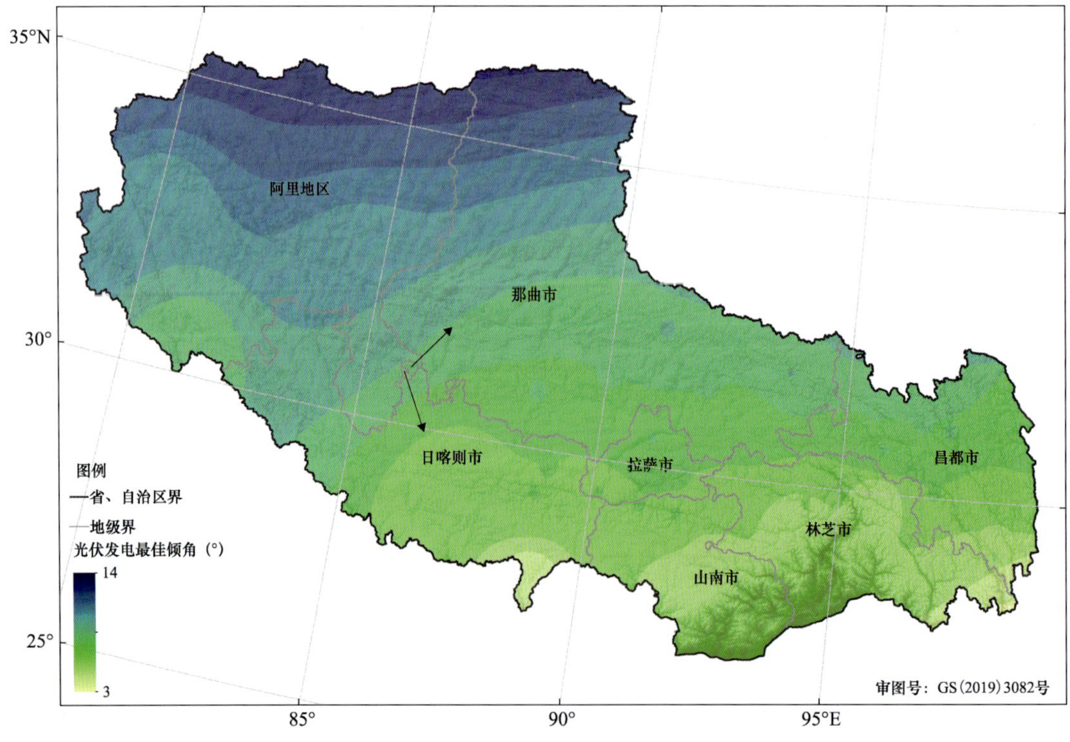

图 6.74　西藏自治区 8 月光伏发电最佳倾角空间分布

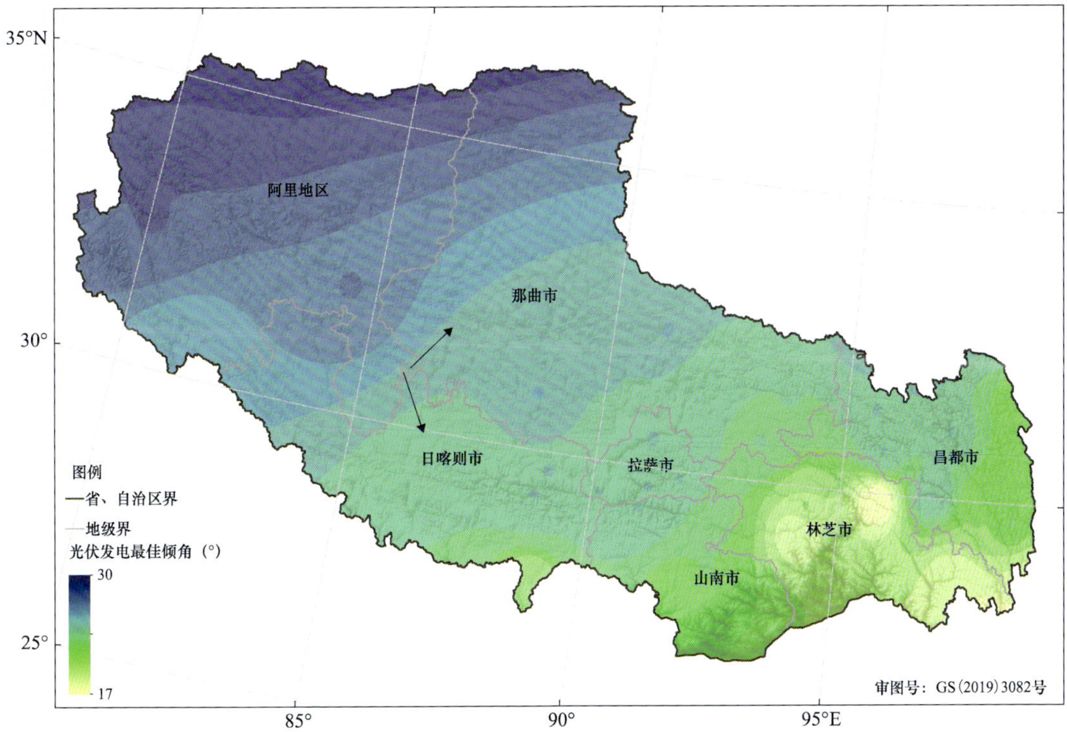

图 6.75　西藏自治区 9 月光伏发电最佳倾角空间分布

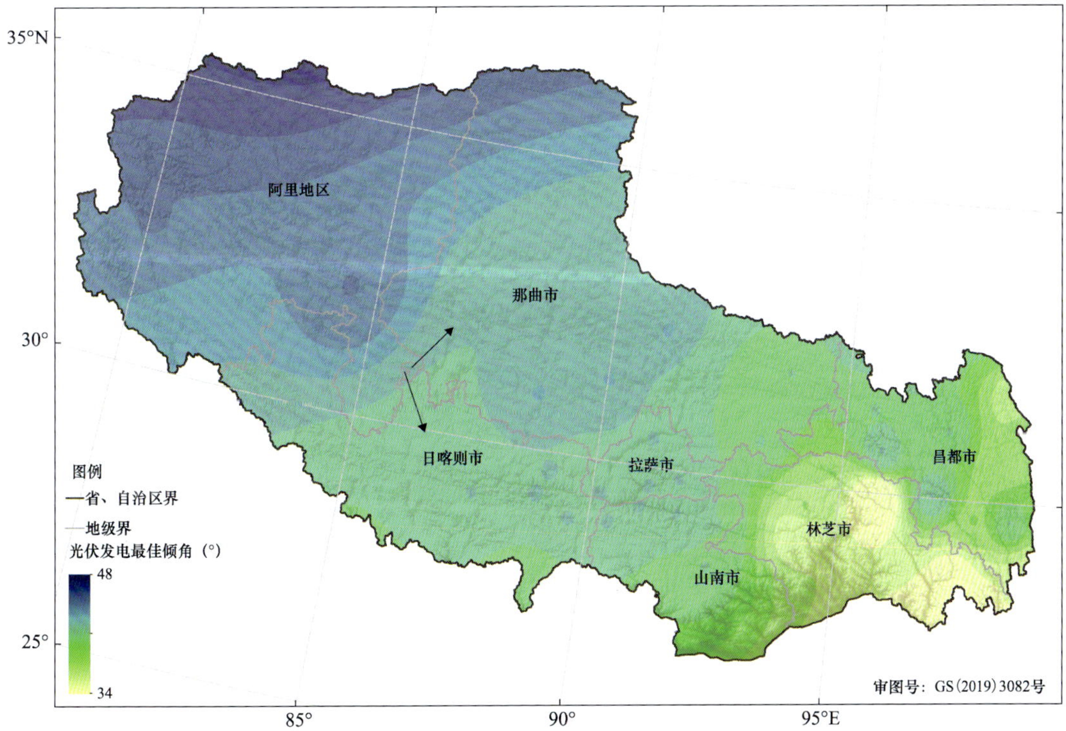

图 6.76　西藏自治区 10 月光伏发电最佳倾角空间分布

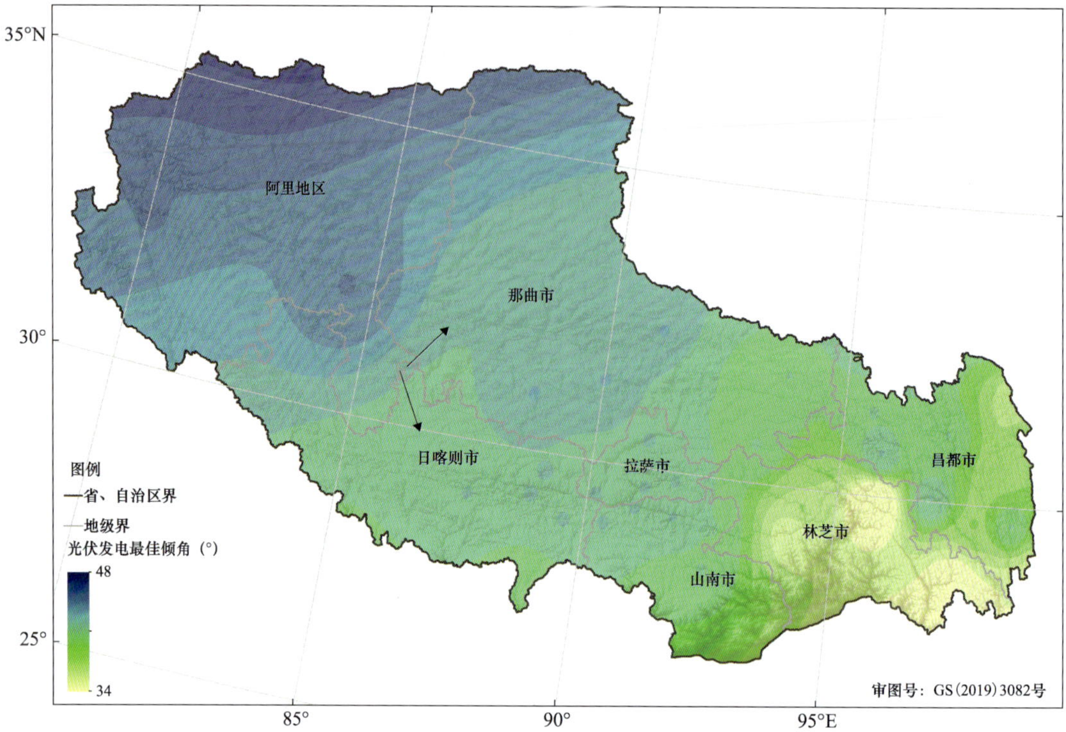

图 6.77 西藏自治区 11 月光伏发电最佳倾角空间分布

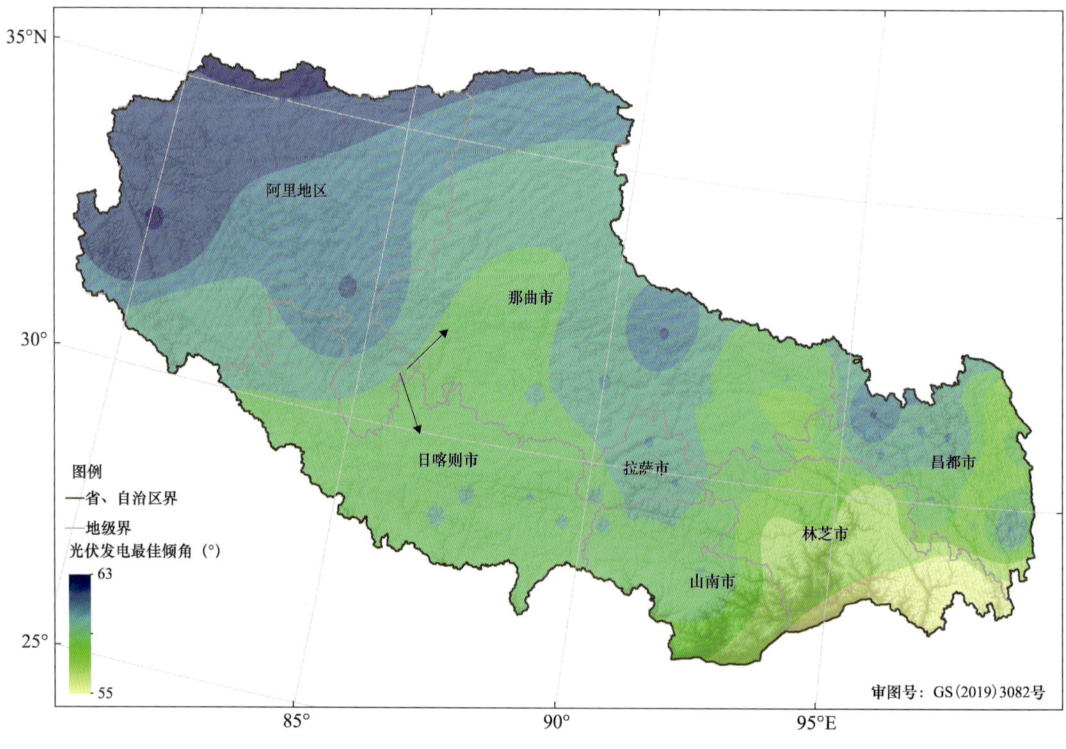

图 6.78 西藏自治区 12 月光伏发电最佳倾角空间分布

6.3.2　最佳斜面总辐射

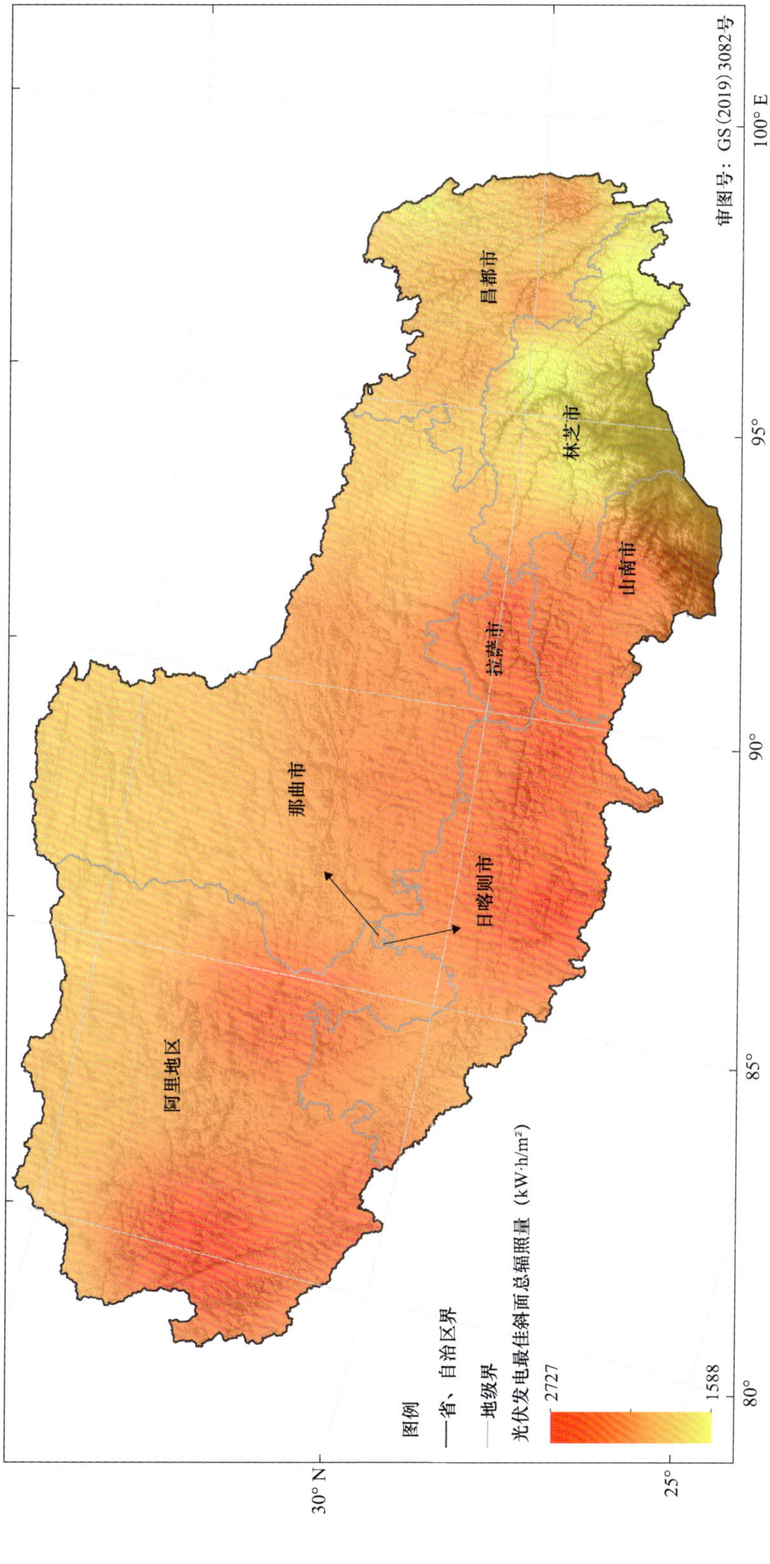

图 6.79　西藏自治区年光伏发电最佳斜面总辐照量空间分布

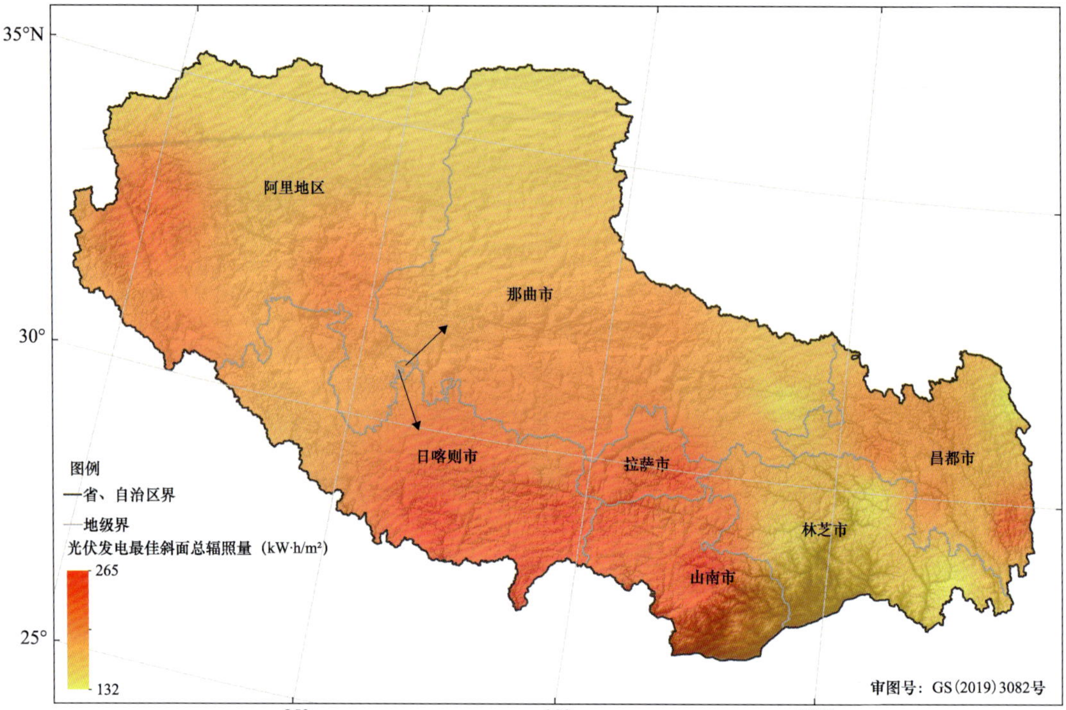

图 6.80 西藏自治区 1 月光伏发电最佳斜面总辐照量空间分布

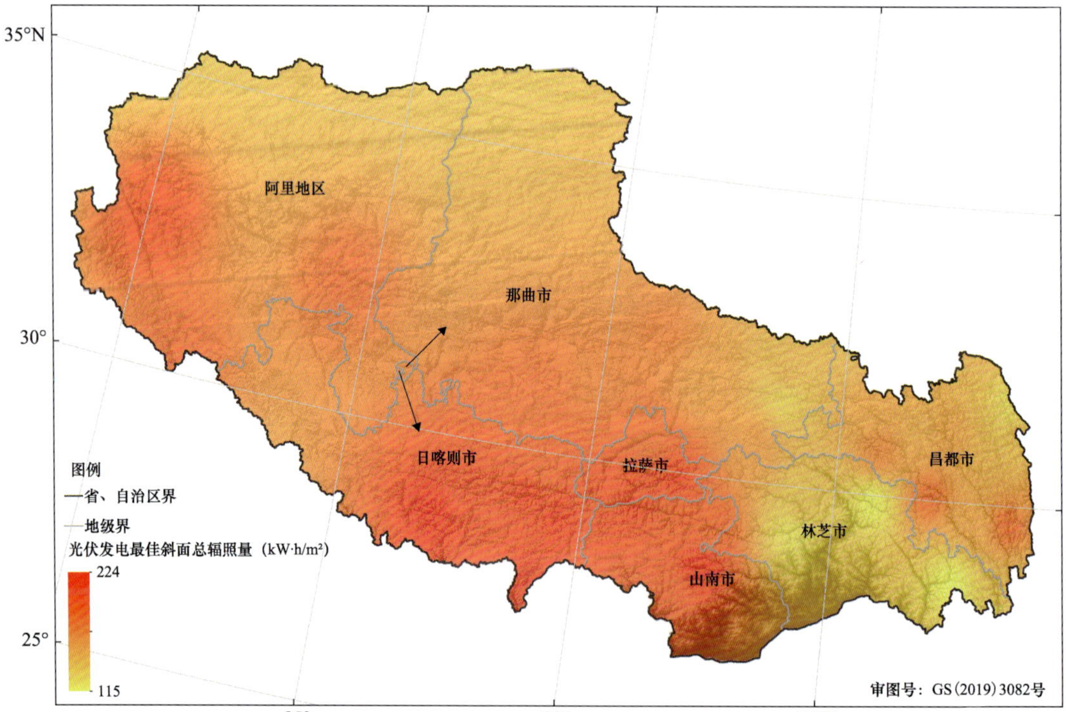

图 6.81 西藏自治区 2 月光伏发电最佳斜面总辐照量空间分布

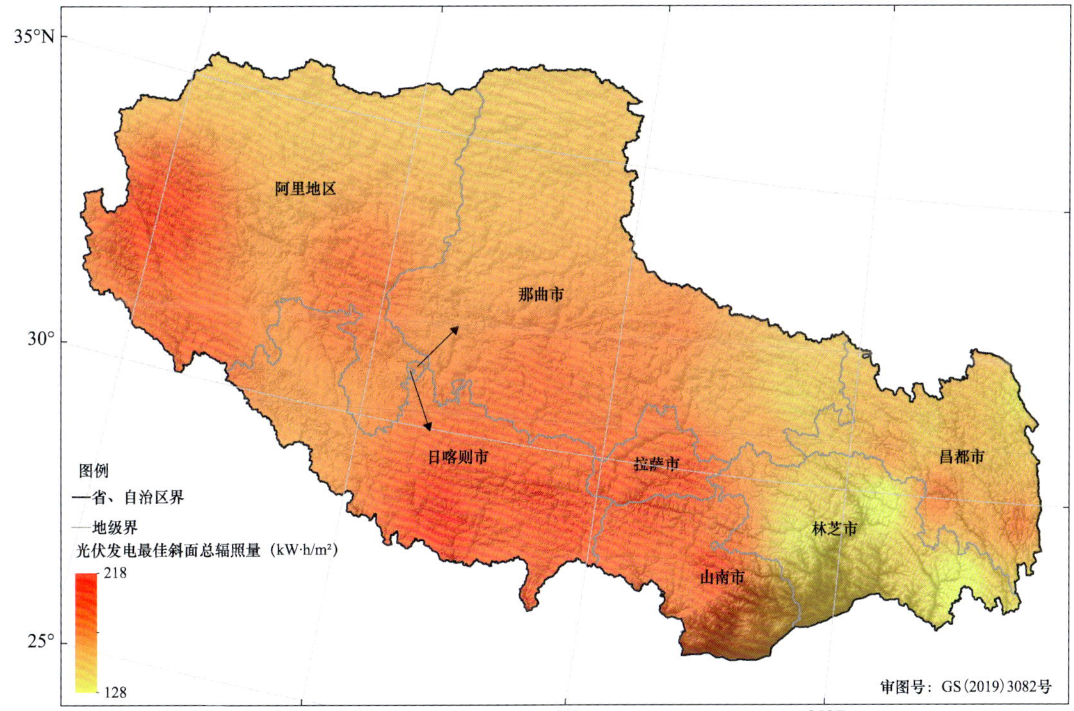

图 6.82　西藏自治区 3 月光伏发电最佳斜面总辐照量空间分布

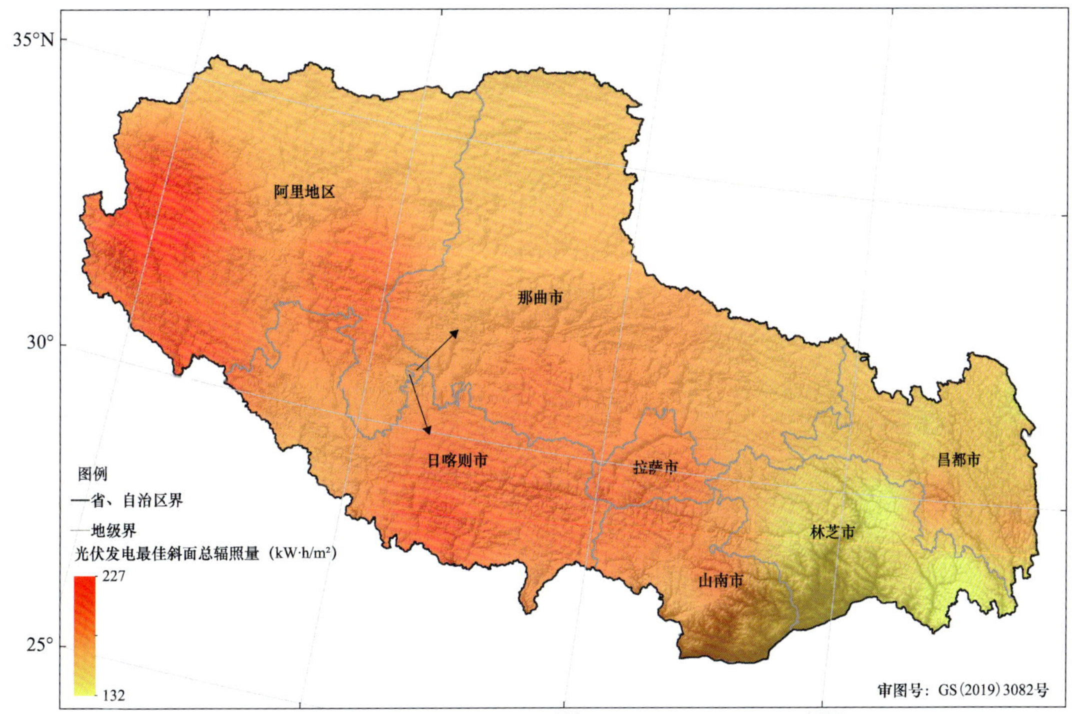

图 6.83　西藏自治区 4 月光伏发电最佳斜面总辐照量空间分布

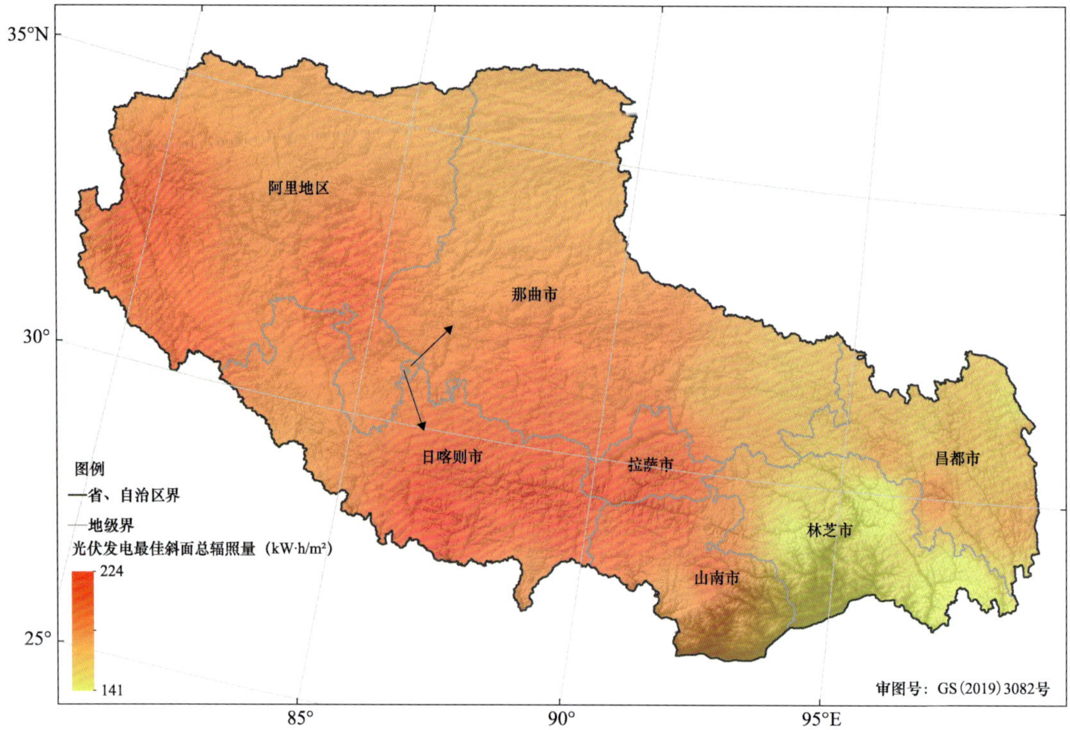

图 6.84　西藏自治区 5 月光伏发电最佳斜面总辐照量空间分布

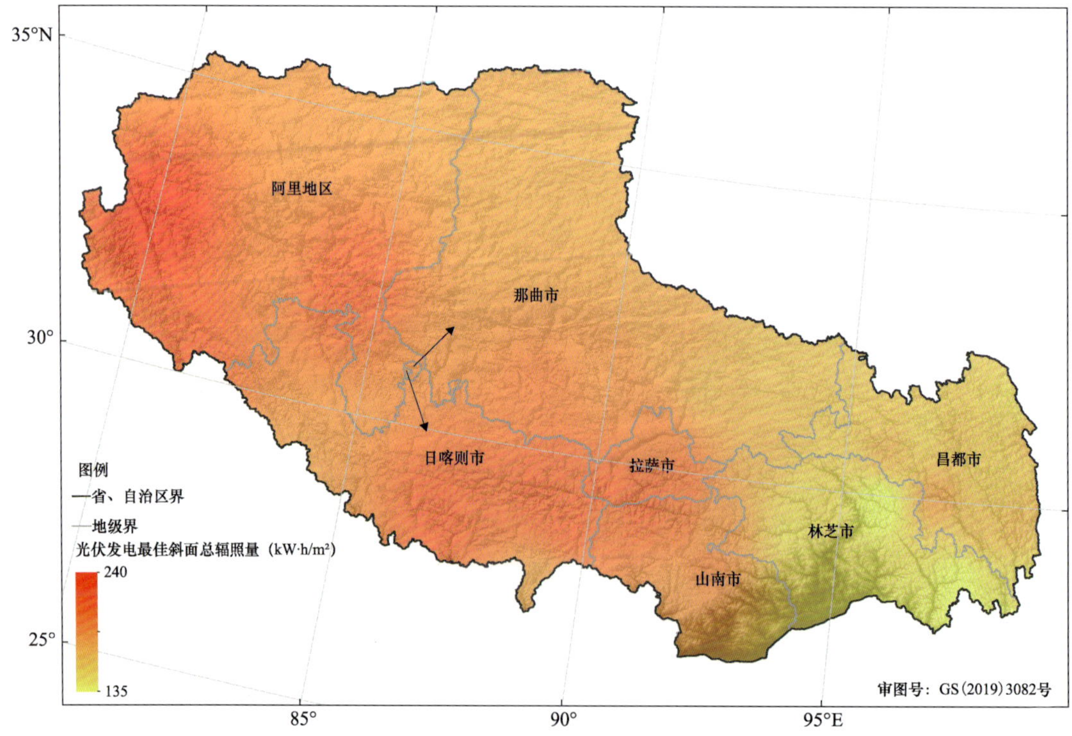

图 6.85　西藏自治区 6 月光伏发电最佳斜面总辐照量空间分布

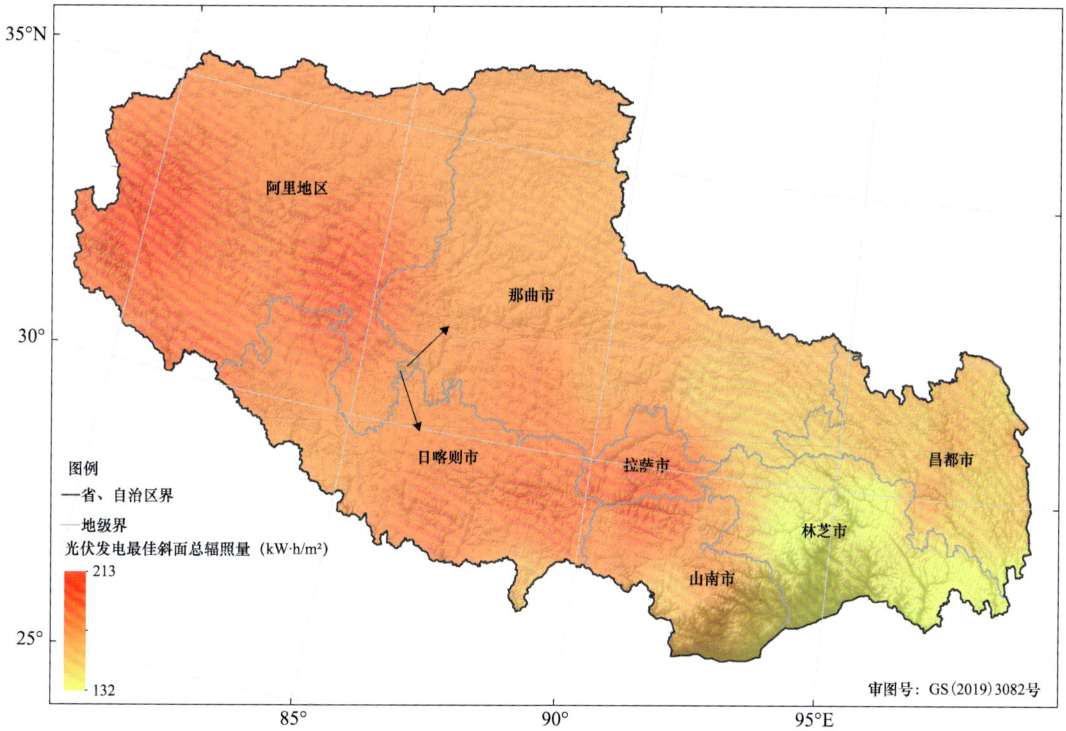

图 6.86　西藏自治区 7 月光伏发电最佳斜面总辐照量空间分布

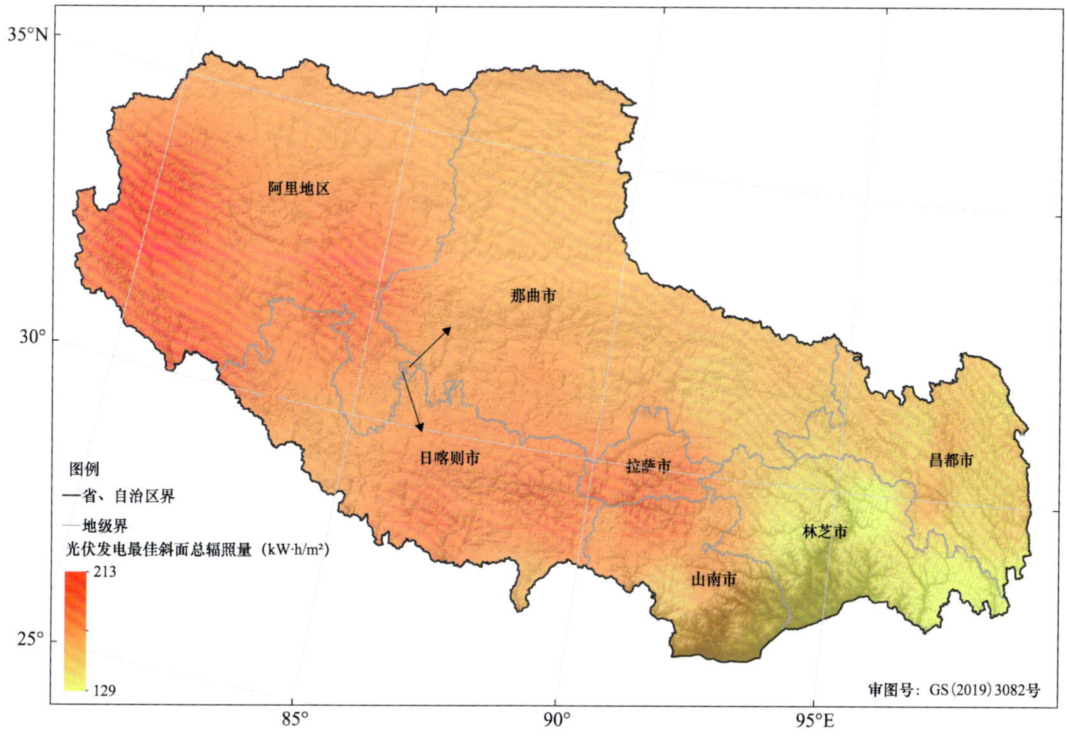

图 6.87　西藏自治区 8 月光伏发电最佳斜面总辐照量空间分布

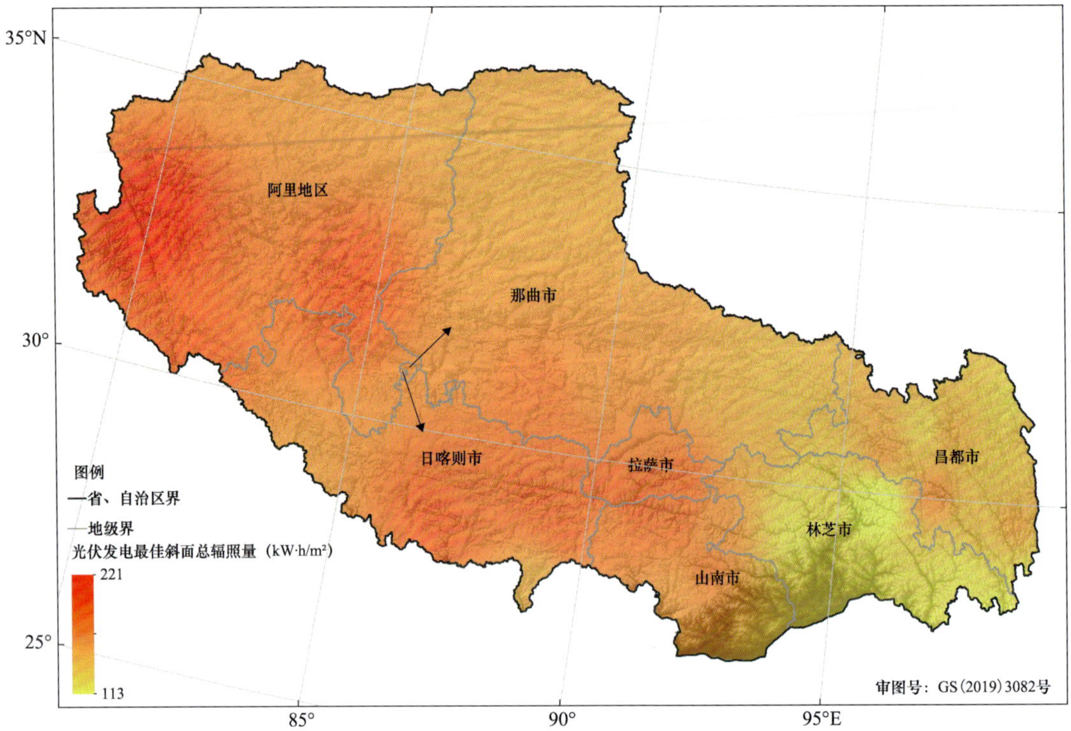

图 6.88　西藏自治区 9 月光伏发电最佳斜面总辐照量空间分布

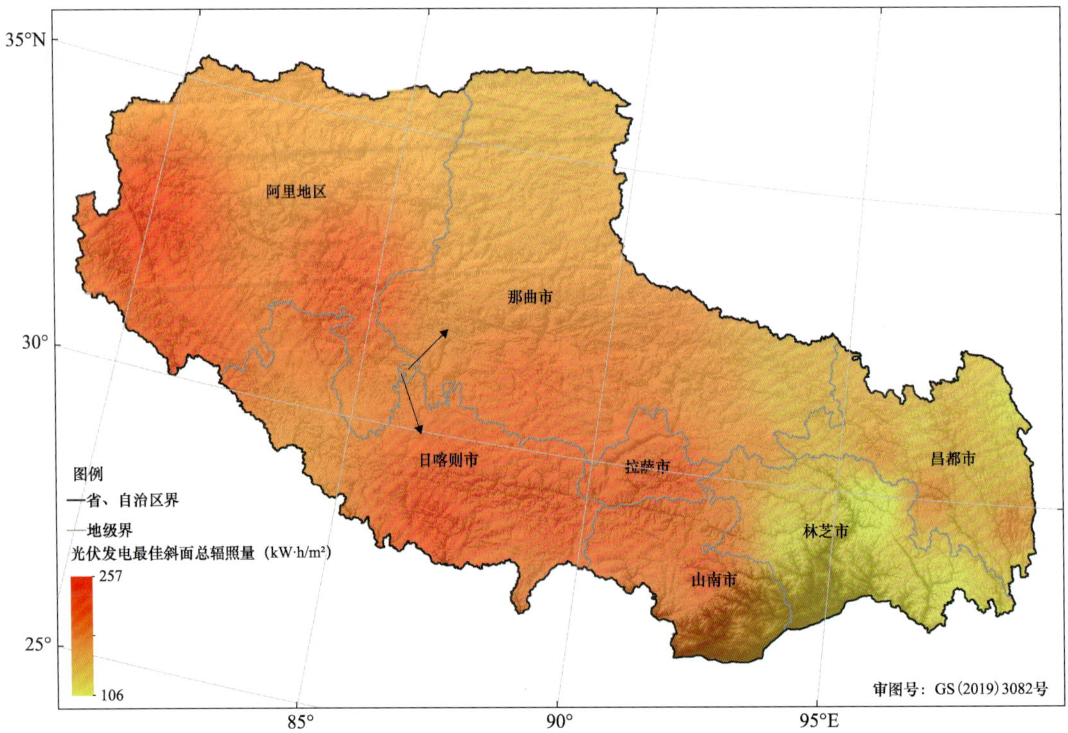

图 6.89　西藏自治区 10 月光伏发电最佳斜面总辐照量空间分布

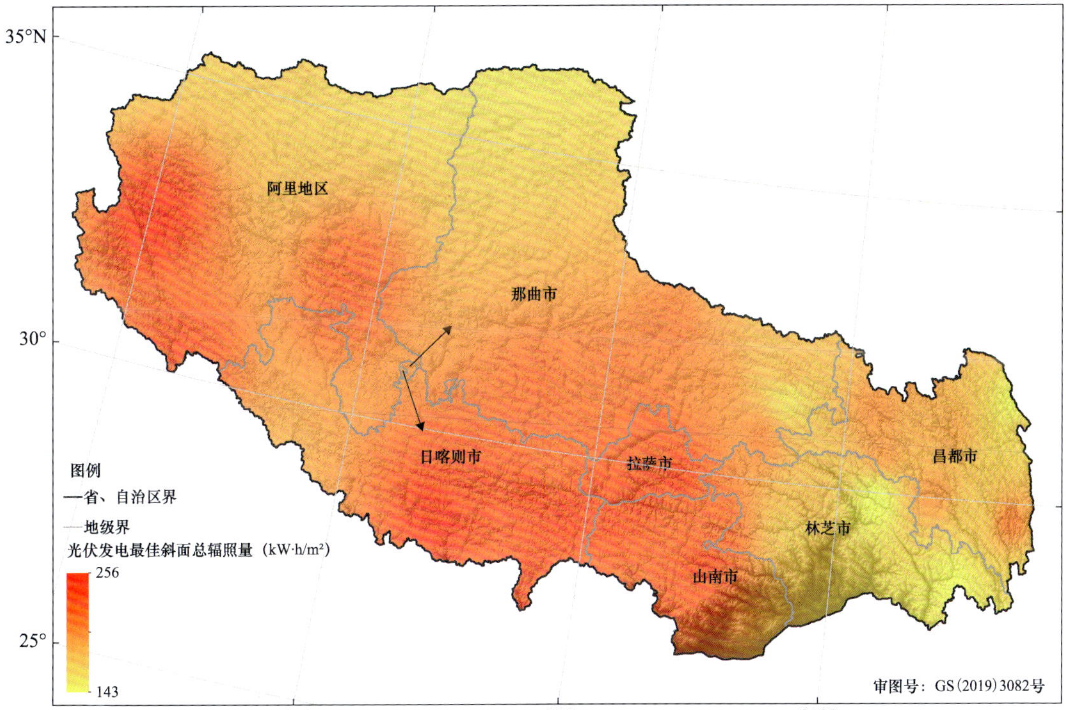

图 6.90　西藏自治区 11 月光伏发电最佳斜面总辐照量空间分布

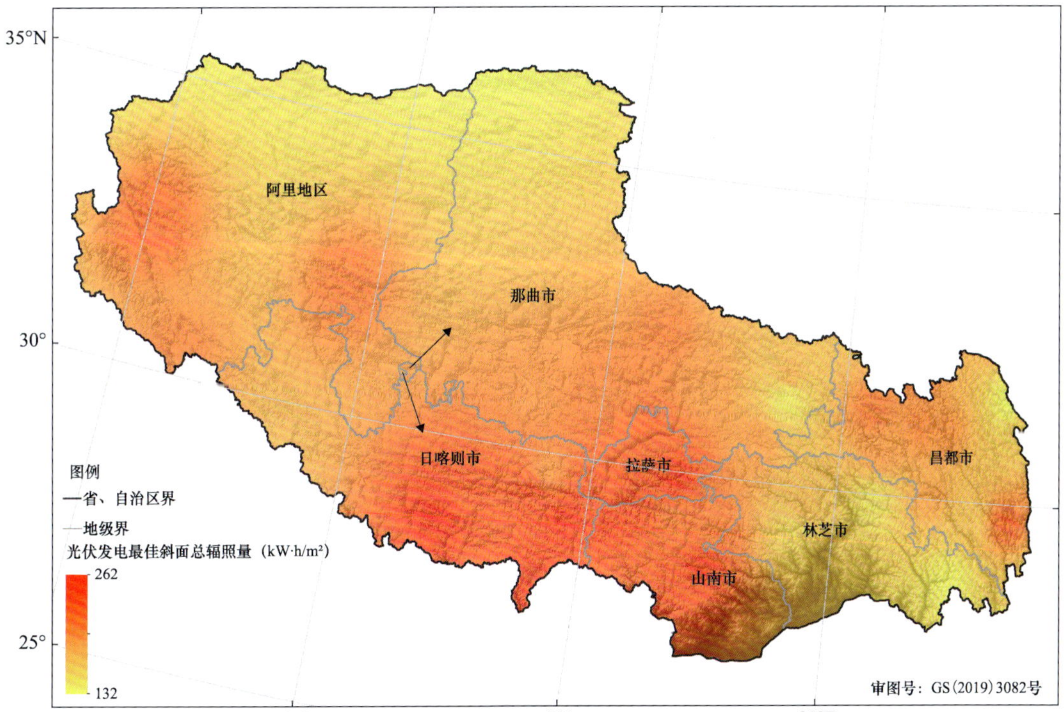

图 6.91　西藏自治区 12 月光伏发电最佳斜面总辐照量空间分布

6.3.3 首年利用小时数

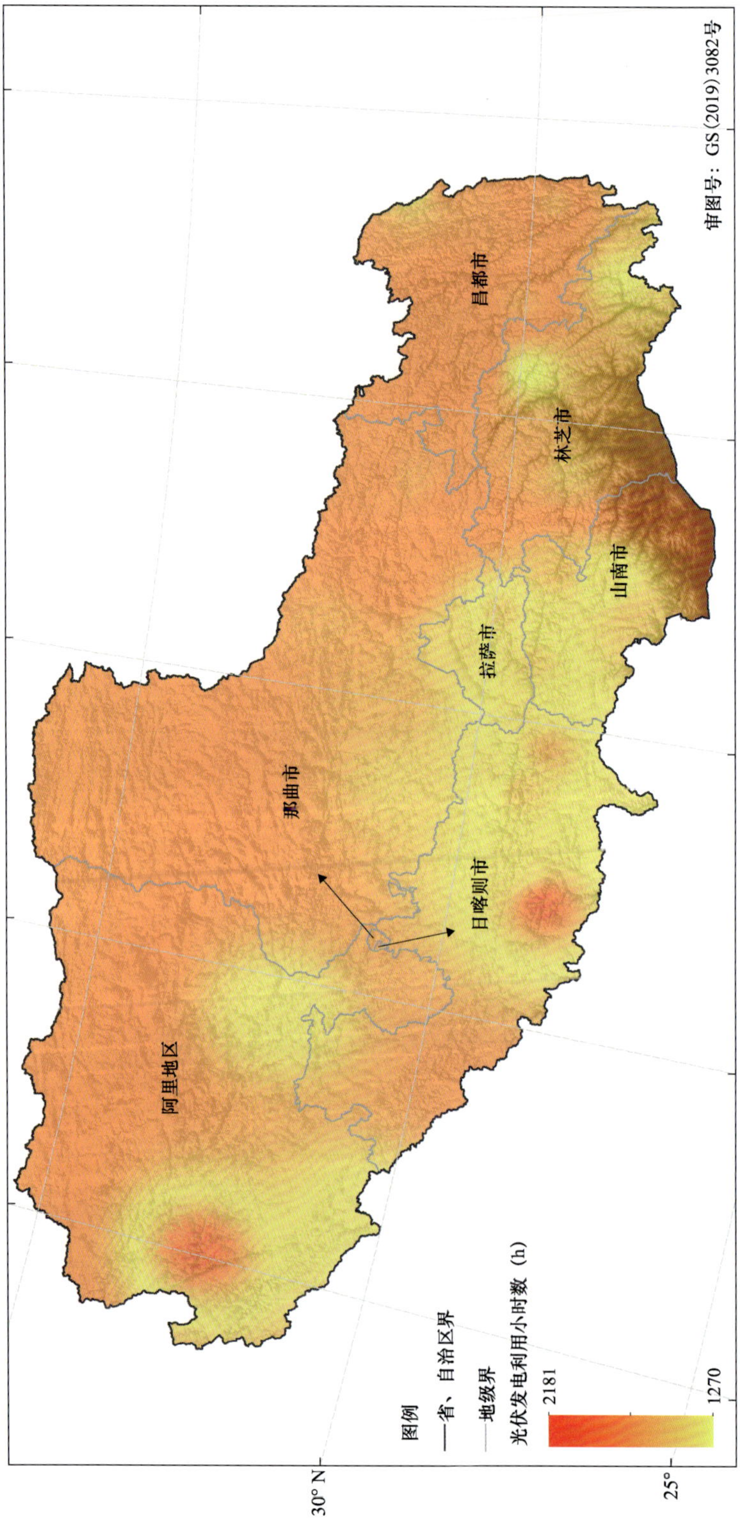

图 6.92　西藏自治区光伏发电首年年利用小时数空间分布

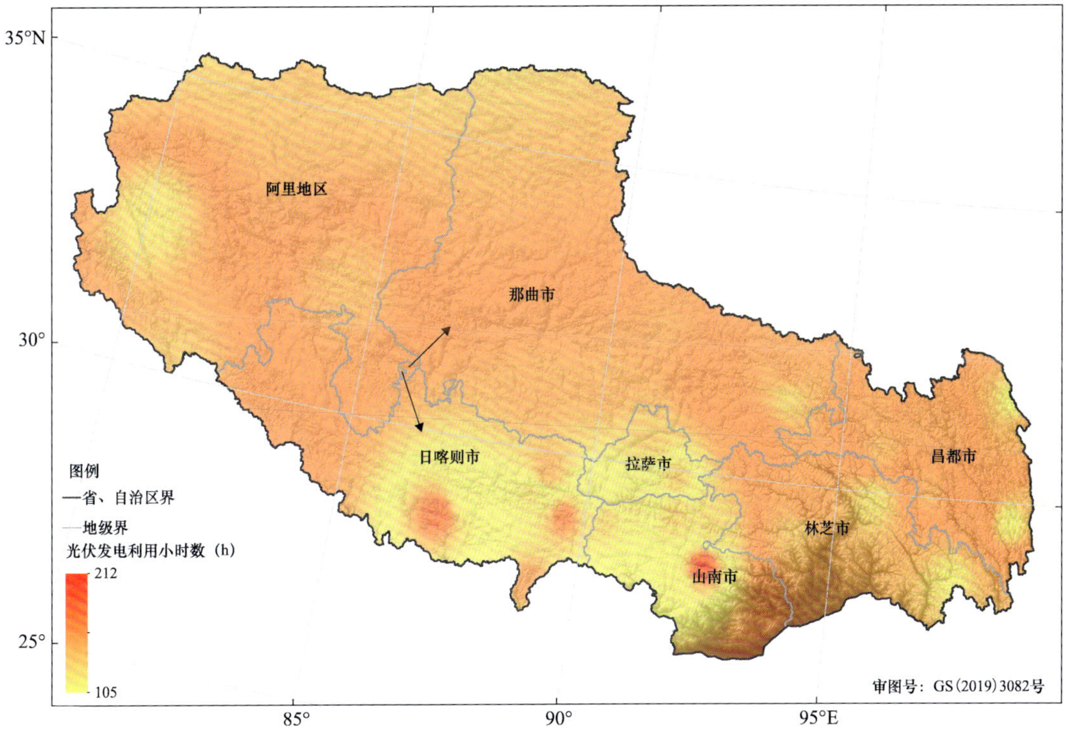

图 6.93　西藏自治区光伏发电首年 1 月利用小时数空间分布

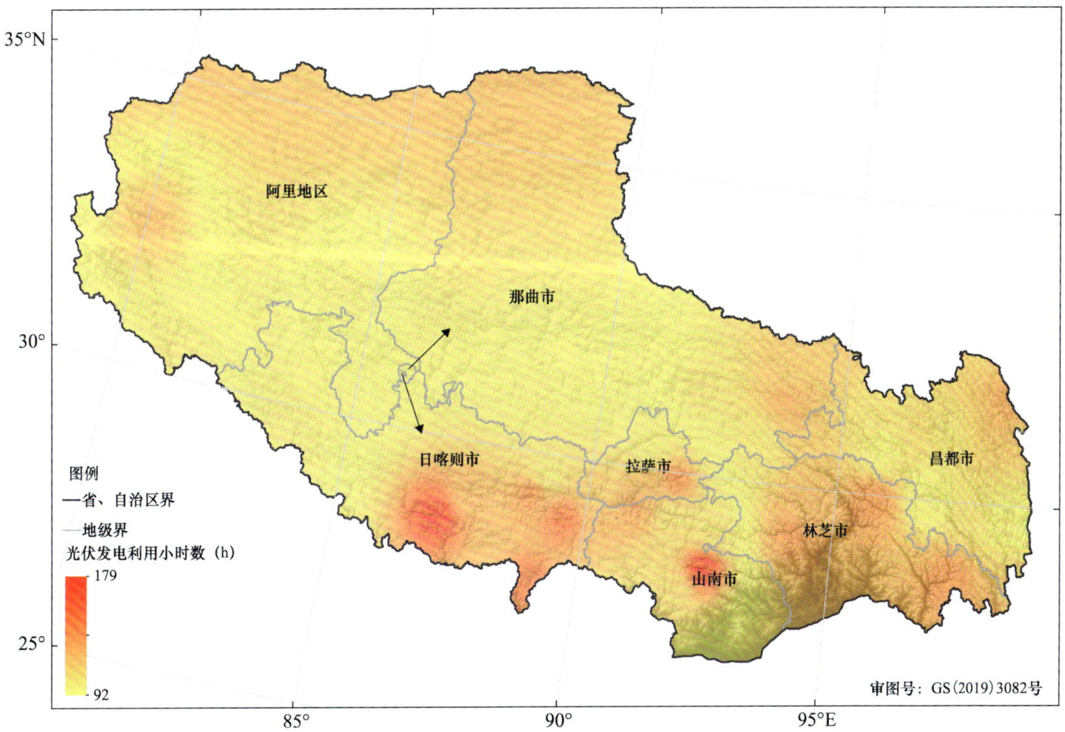

图 6.94　西藏自治区光伏发电首年 2 月利用小时数空间分布

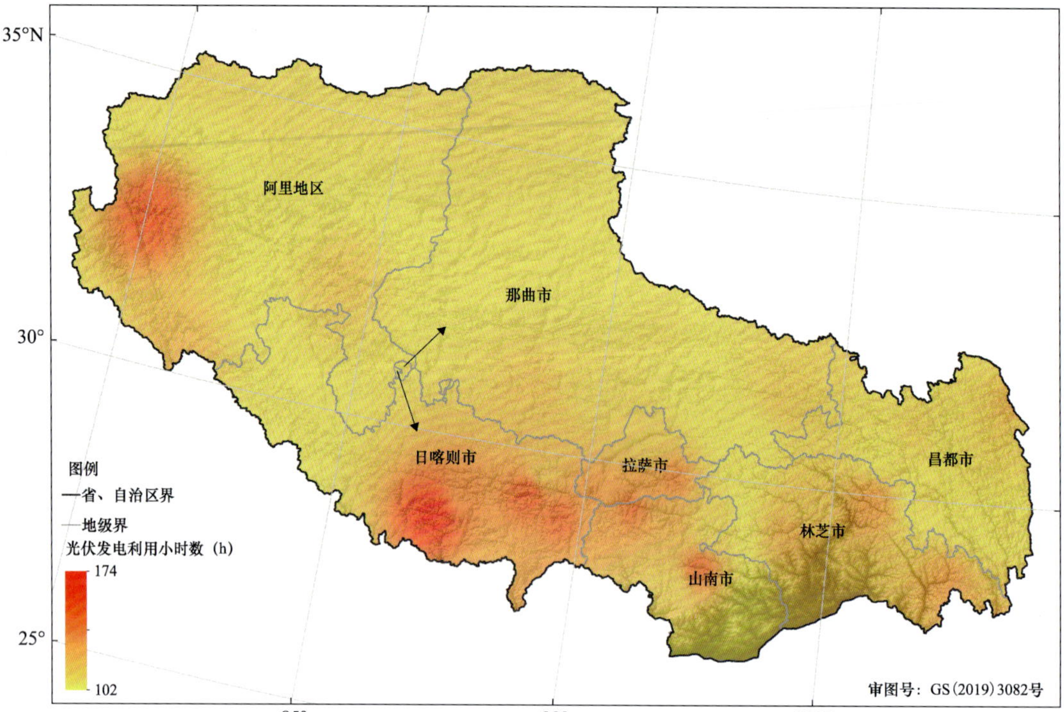

图 6.95　西藏自治区光伏发电首年 3 月利用小时数空间分布

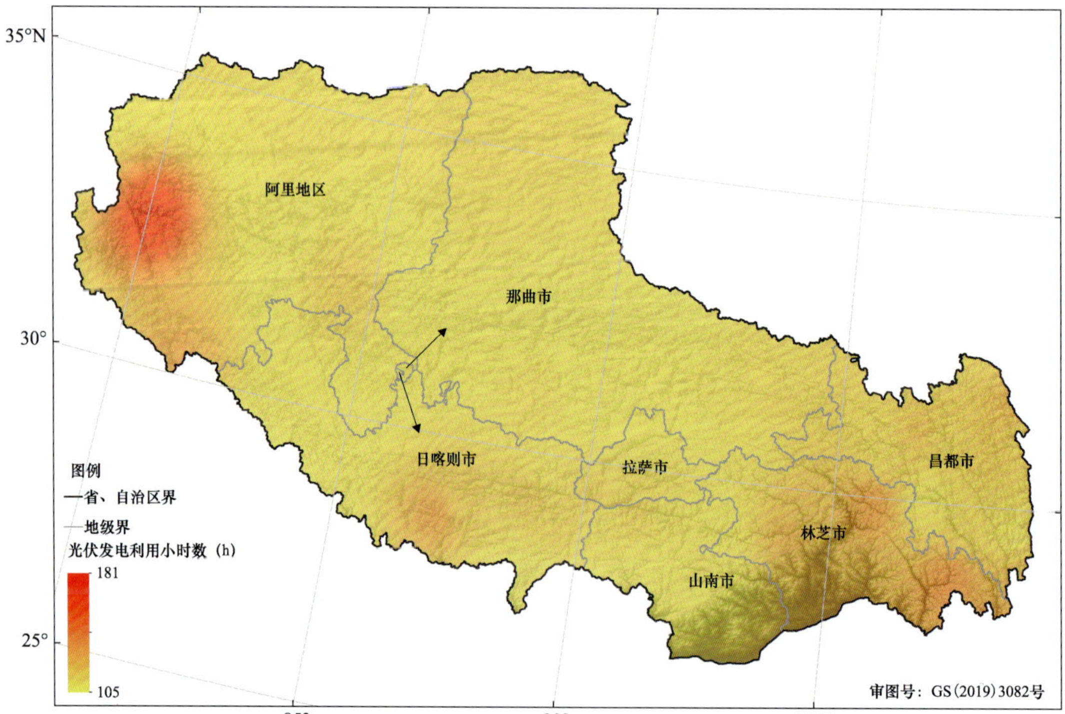

图 6.96　西藏自治区光伏发电首年 4 月利用小时数空间分布

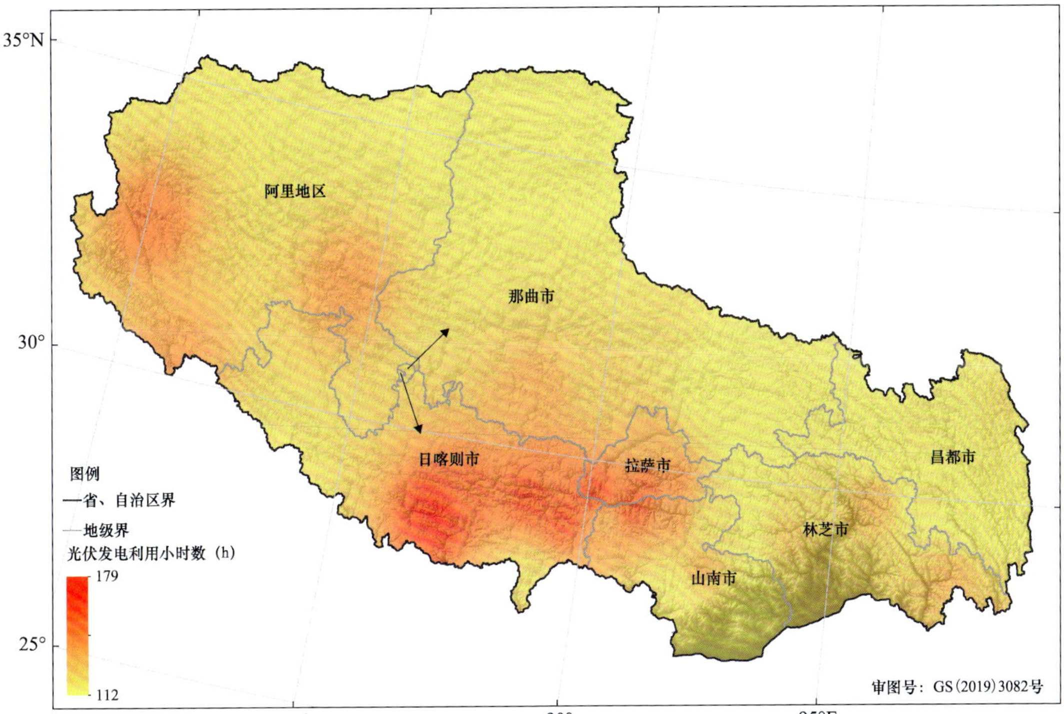

图 6.97　西藏自治区光伏发电首年 5 月利用小时数空间分布

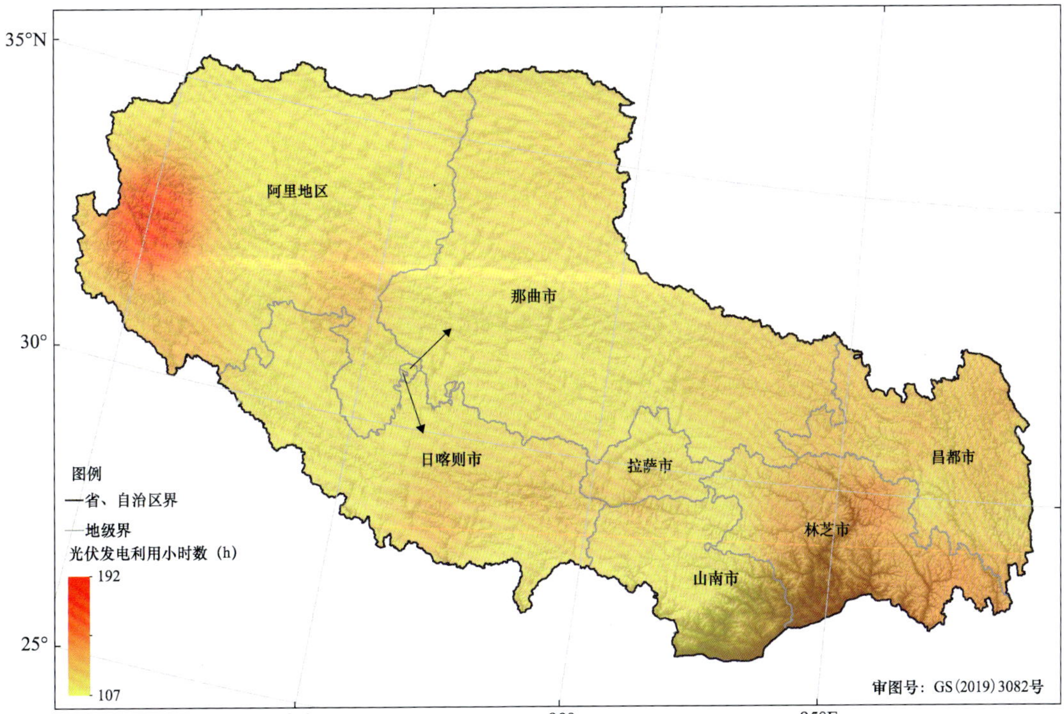

图 6.98　西藏自治区光伏发电首年 6 月利用小时数空间分布

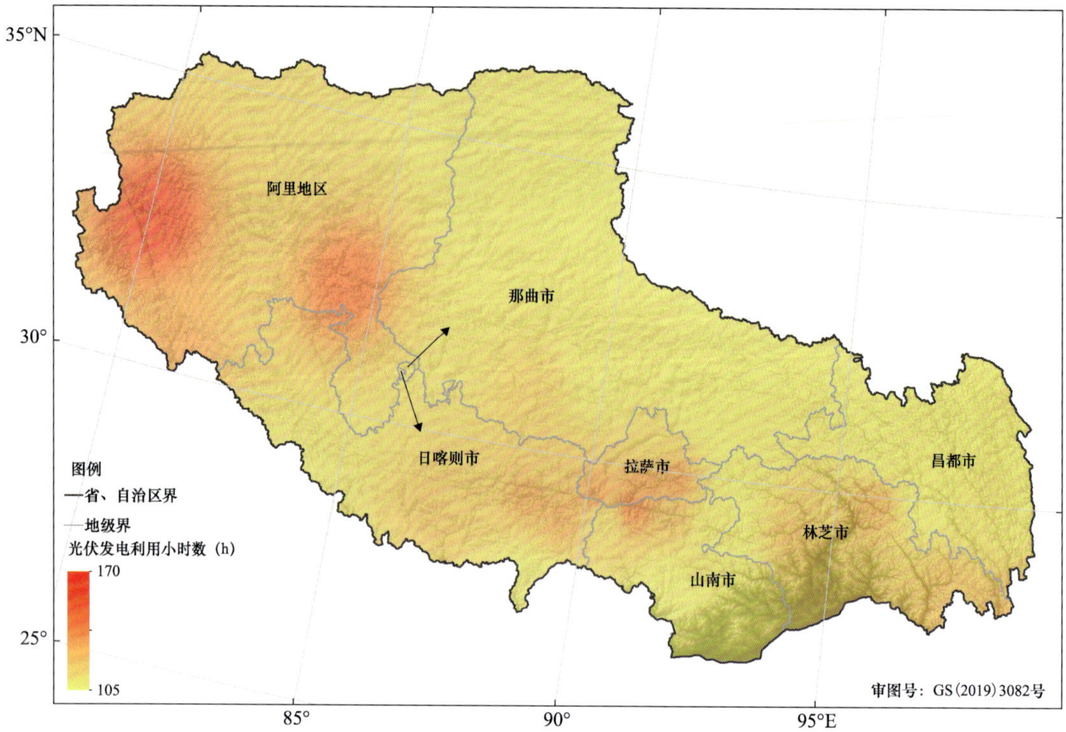

图 6.99 西藏自治区光伏发电首年 7 月利用小时数空间分布

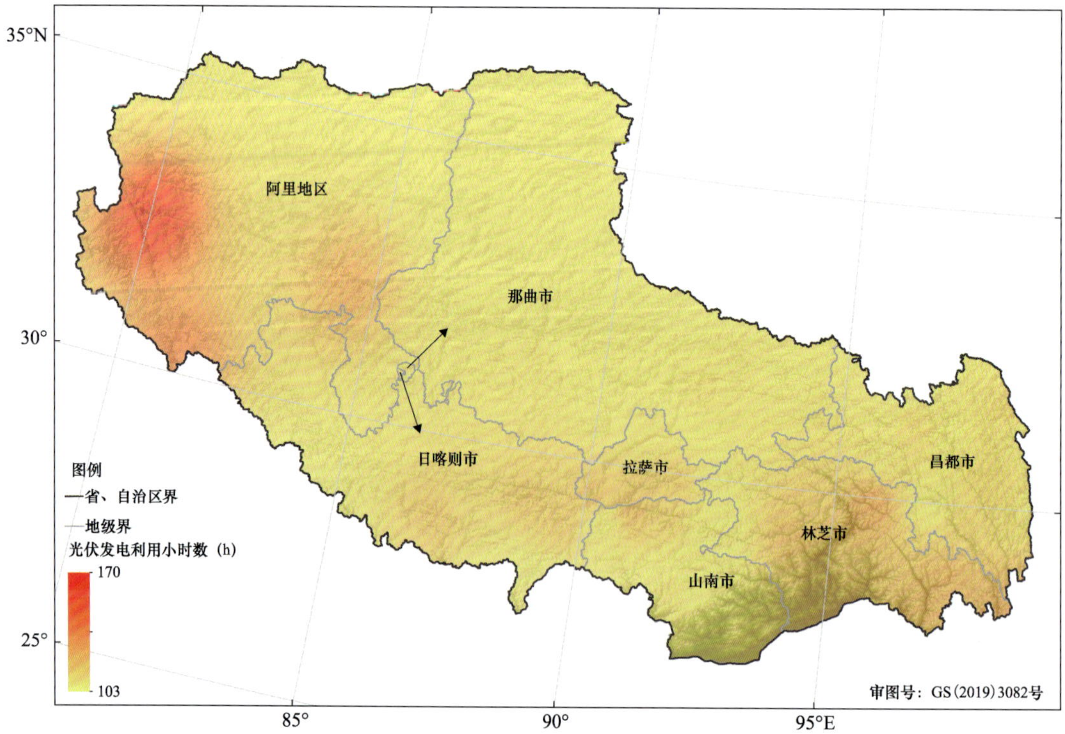

图 6.100 西藏自治区光伏发电首年 8 月利用小时数空间分布

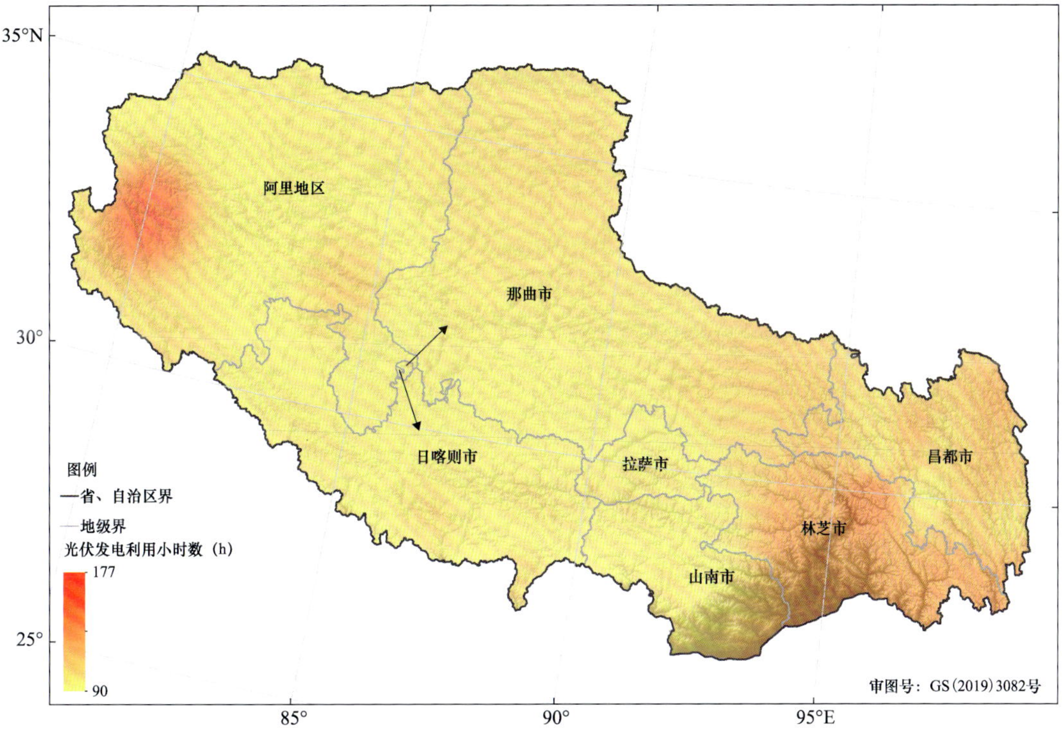

图 6.101　西藏自治区光伏发电首年 9 月利用小时数空间分布

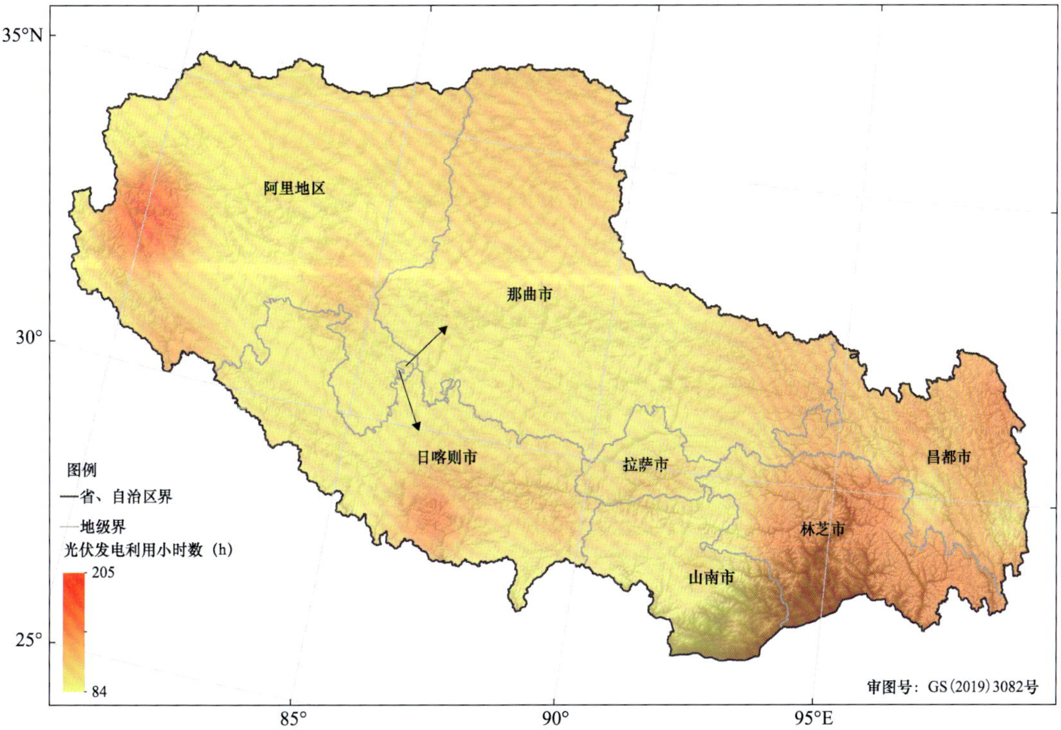

图 6.102　西藏自治区光伏发电首年 10 月利用小时数空间分布

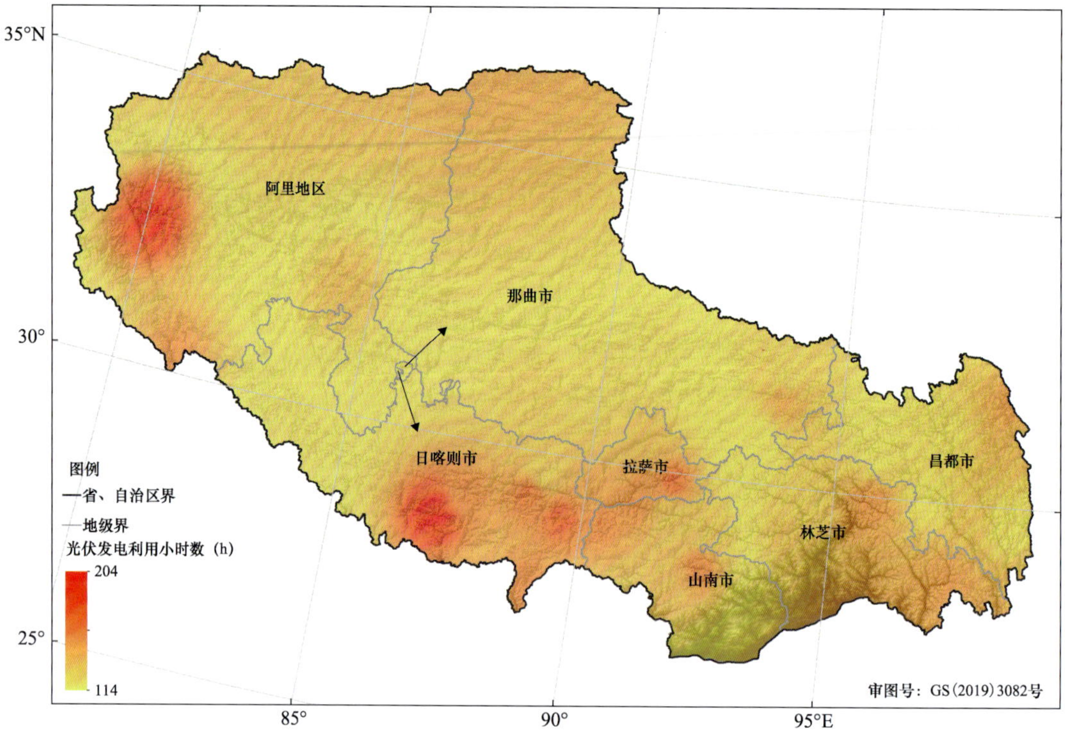

图 6.103　西藏自治区光伏发电首年 11 月利用小时数空间分布

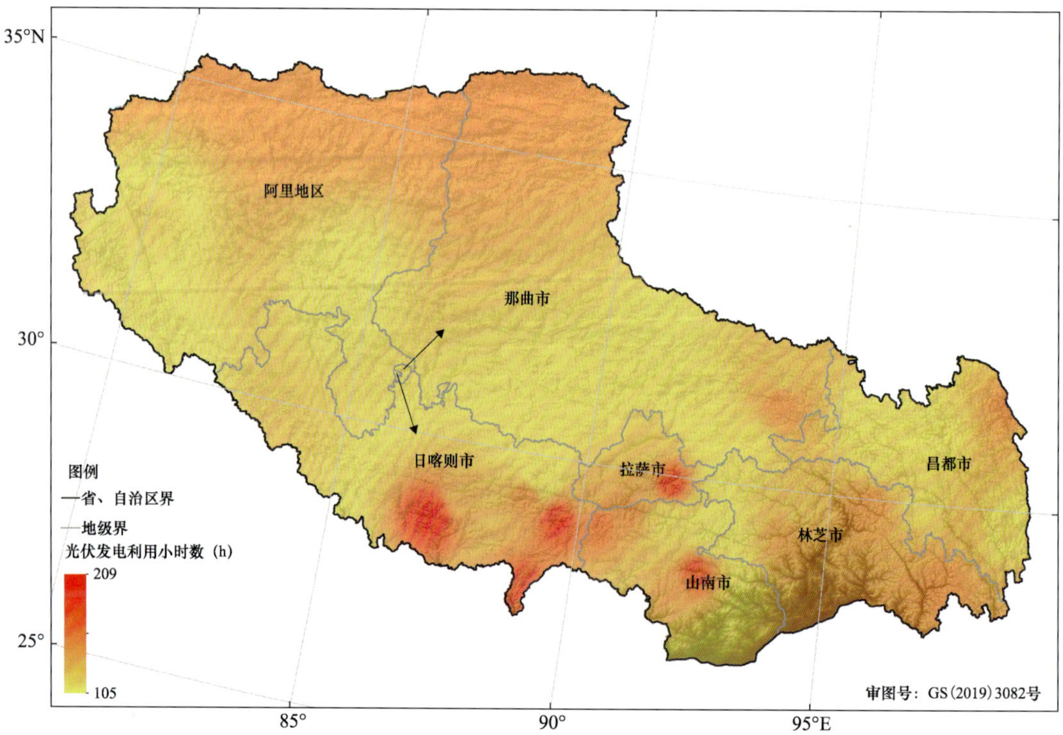

图 6.104　西藏自治区光伏发电首年 12 月利用小时数空间分布

6.3.4　25 年平均利用小时数

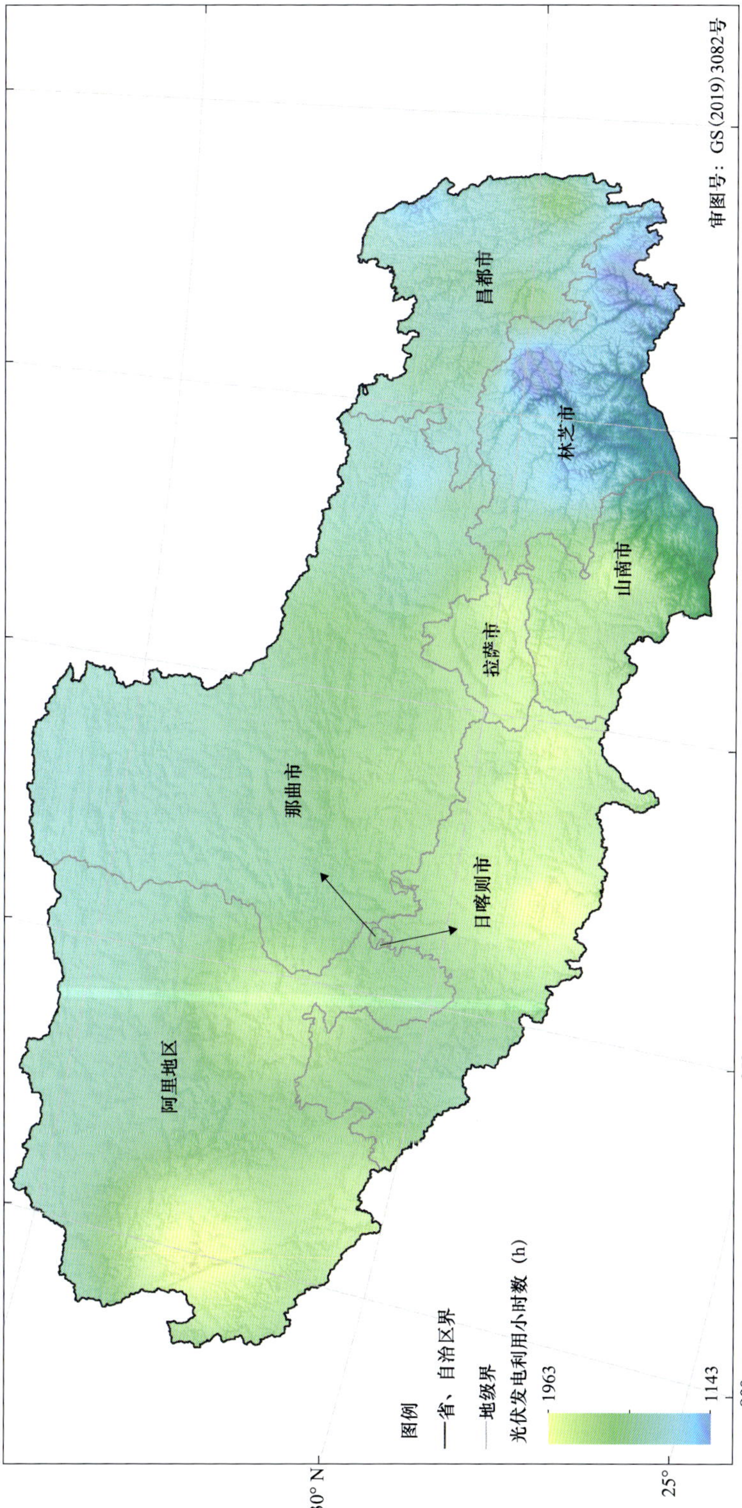

图 6.105　西藏自治区光伏发电25年平均年利用小时数空间分布

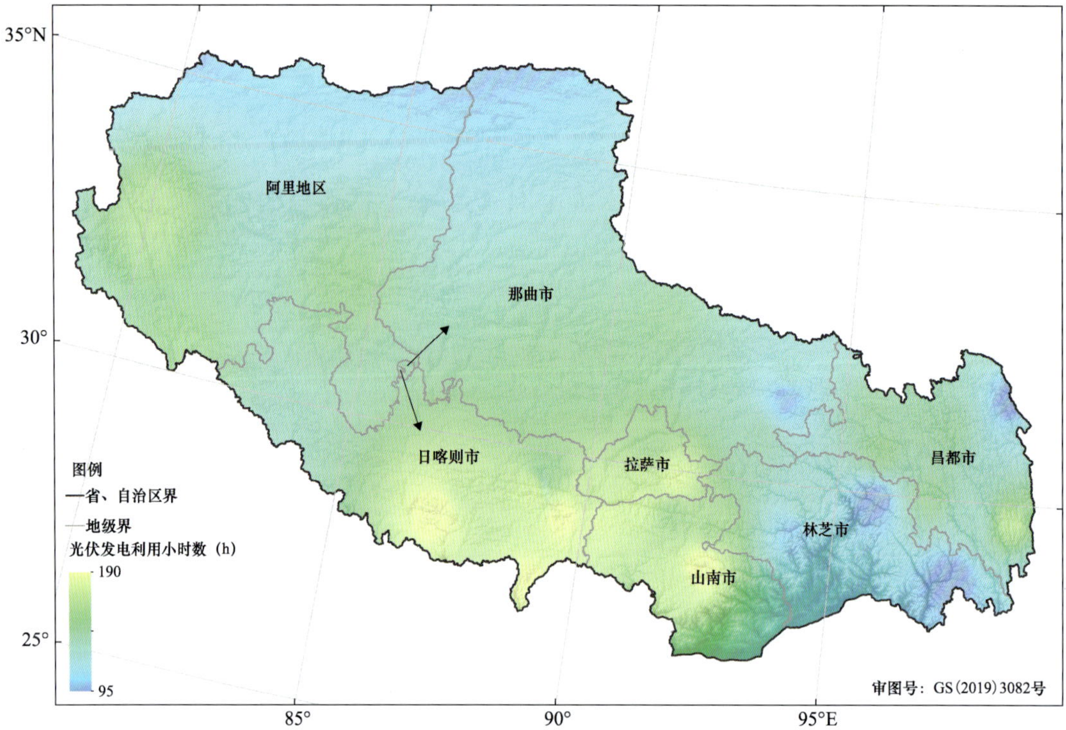

图 6.106　西藏自治区光伏发电 25 年平均 1 月利用小时数空间分布

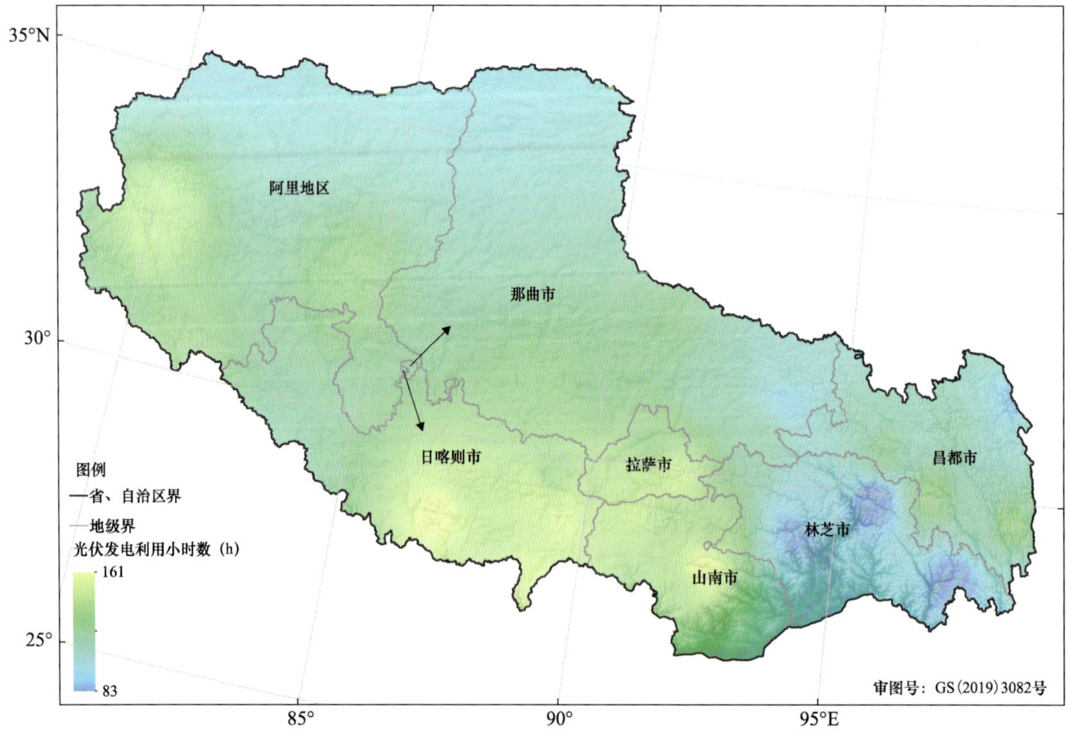

图 6.107　西藏自治区光伏发电 25 年平均 2 月利用小时数空间分布

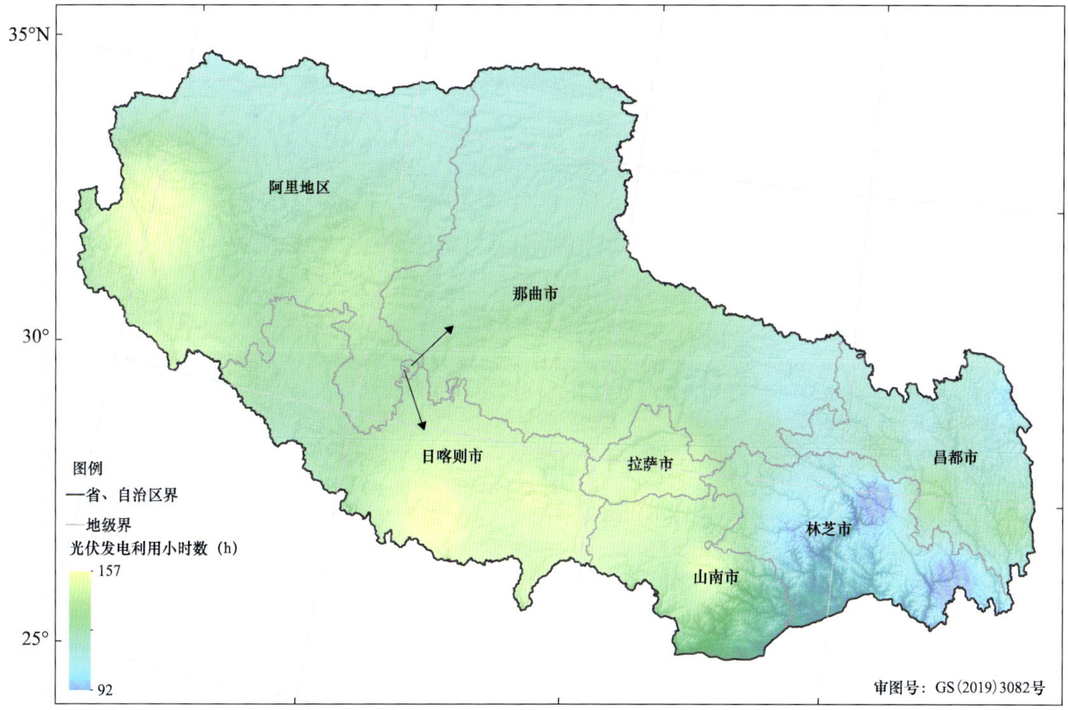

图 6.108　西藏自治区光伏发电 25 年平均 3 月利用小时数空间分布

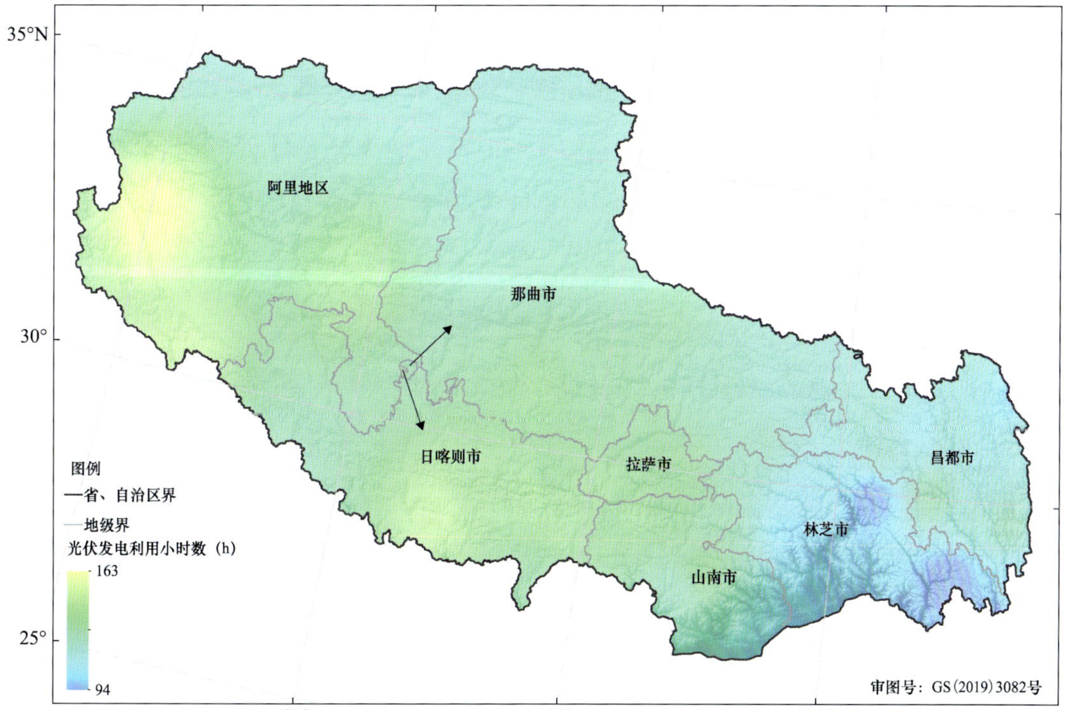

图 6.109　西藏自治区光伏发电 25 年平均 4 月利用小时数空间分布

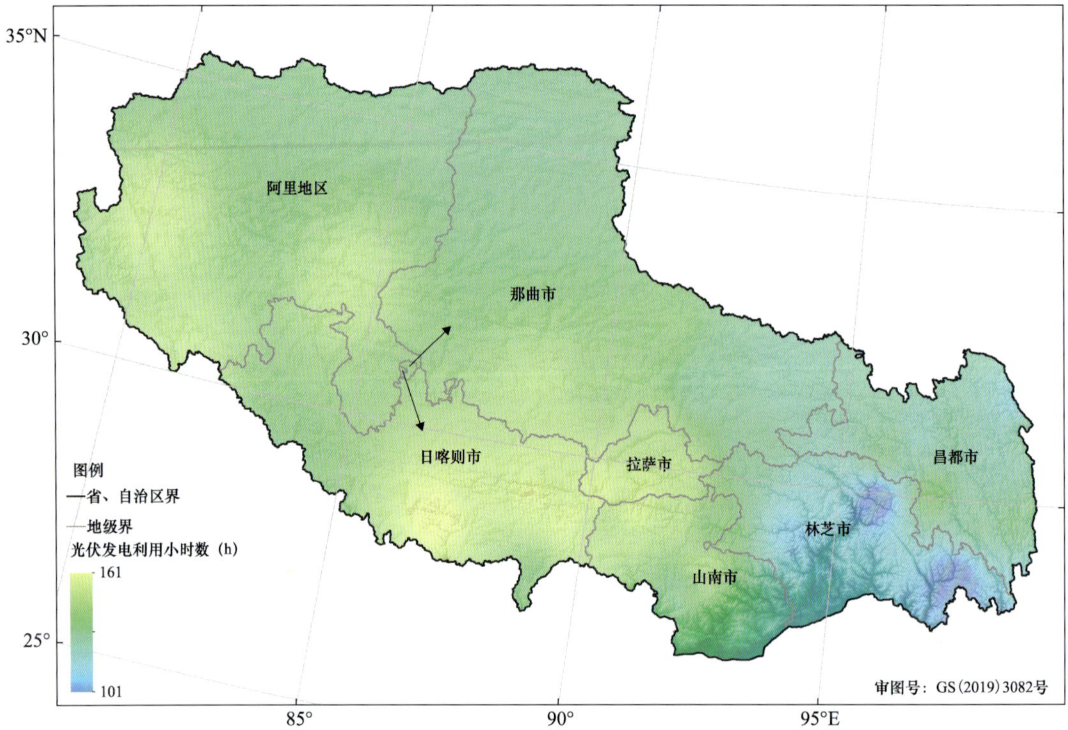

图 6.110　西藏自治区光伏发电 25 年平均 5 月利用小时数空间分布

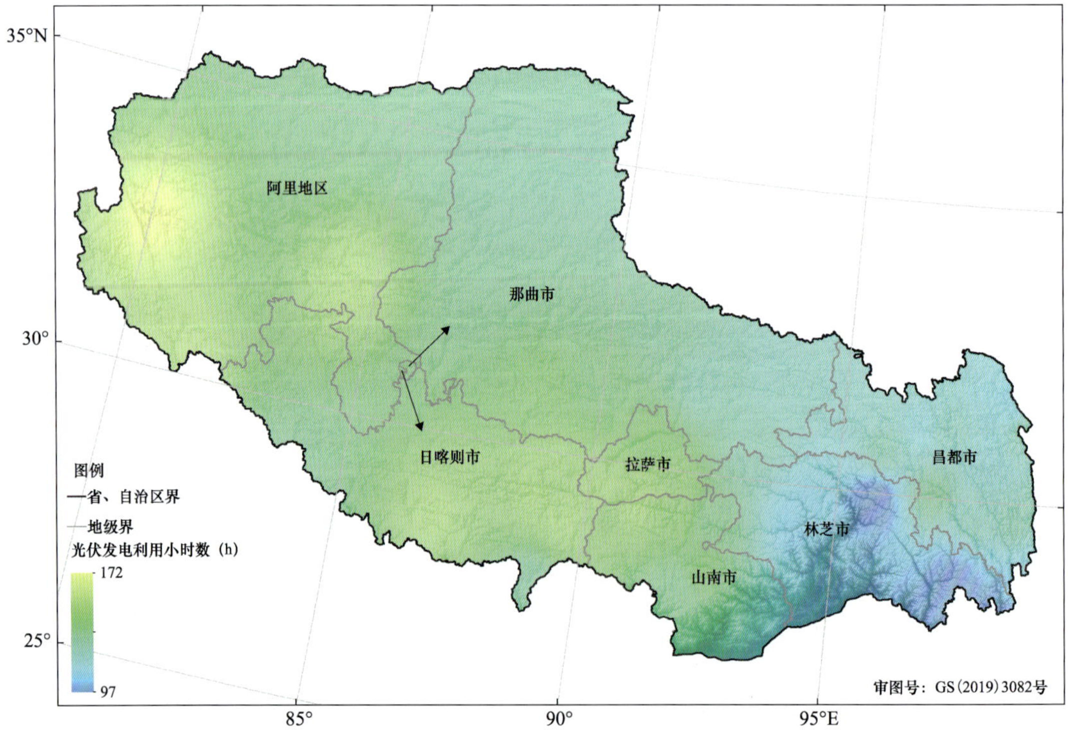

图 6.111　西藏自治区光伏发电 25 年平均 6 月利用小时数空间分布

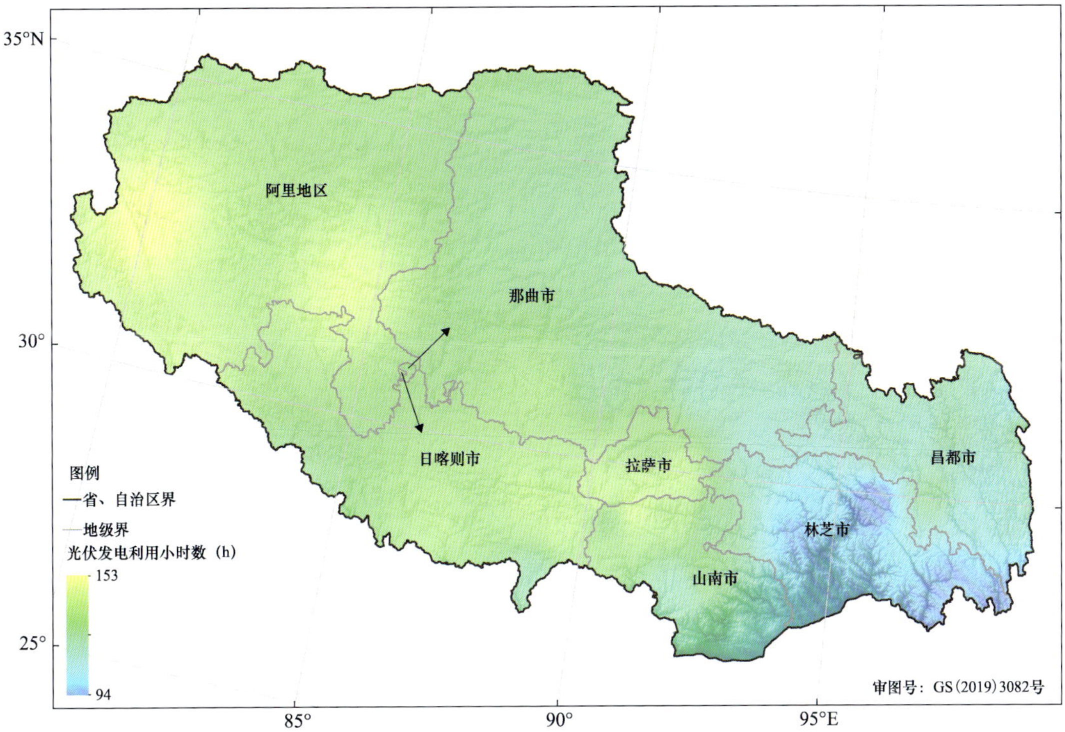

图 6.112　西藏自治区光伏发电 25 年平均 7 月利用小时数空间分布

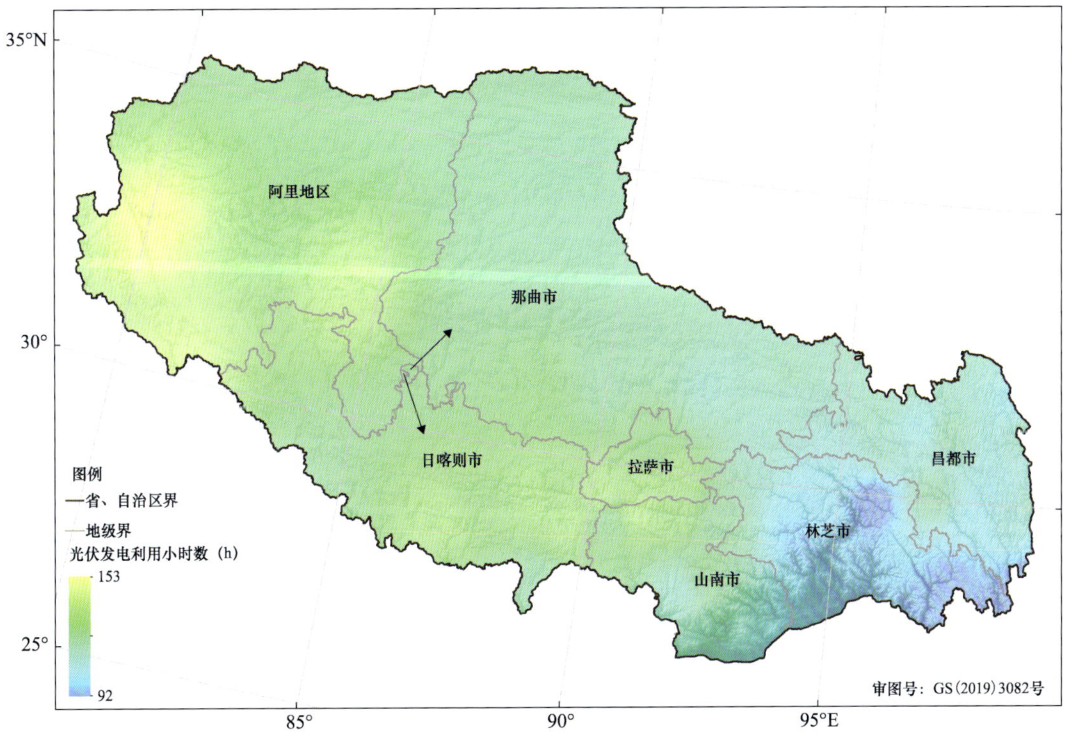

图 6.113　西藏自治区光伏发电 25 年平均 8 月利用小时数空间分布

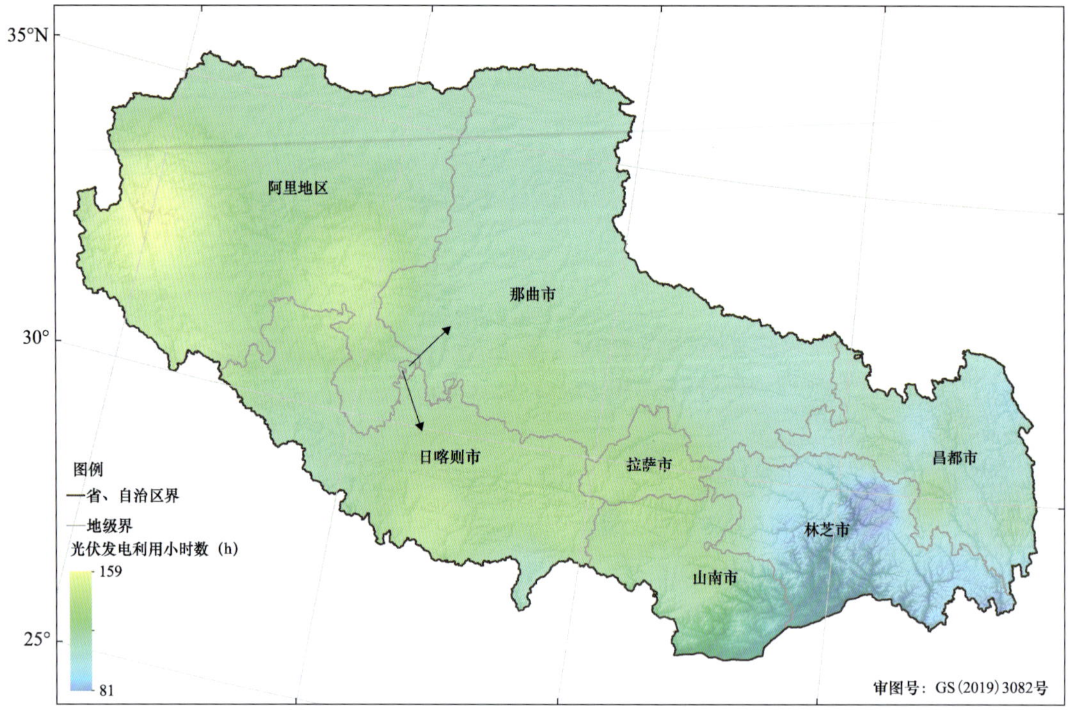

图 6.114 西藏自治区光伏发电 25 年平均 9 月利用小时数空间分布

图 6.115 西藏自治区光伏发电 25 年平均 10 月利用小时数空间分布

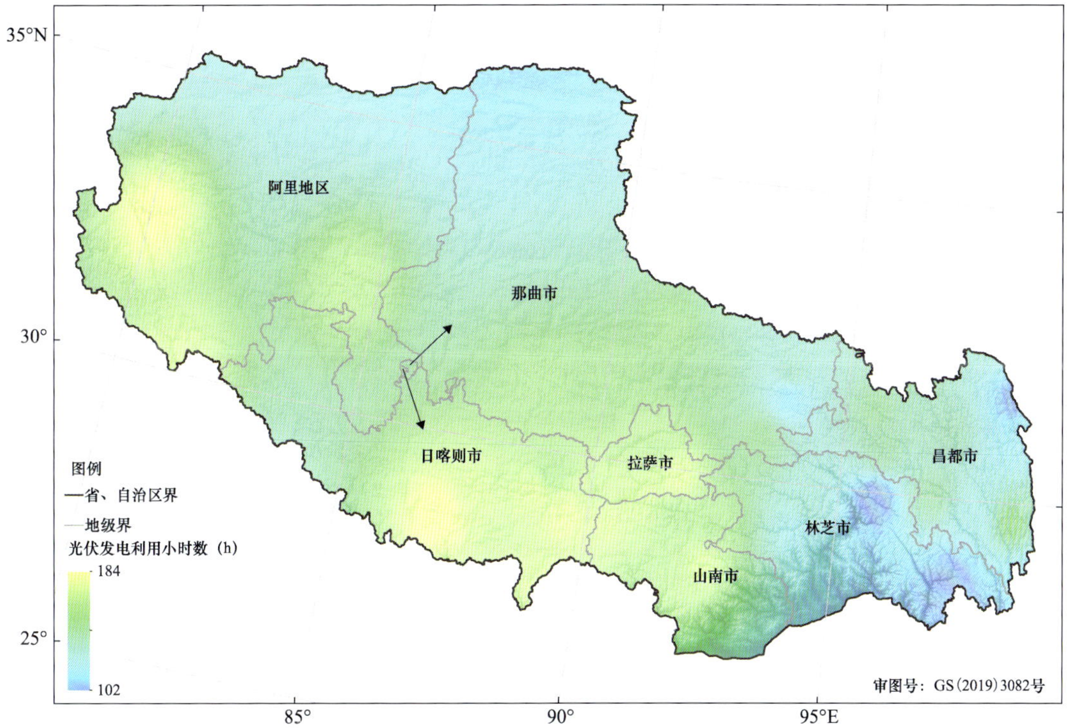

图 6.116　西藏自治区光伏发电 25 年平均 11 月利用小时数空间分布

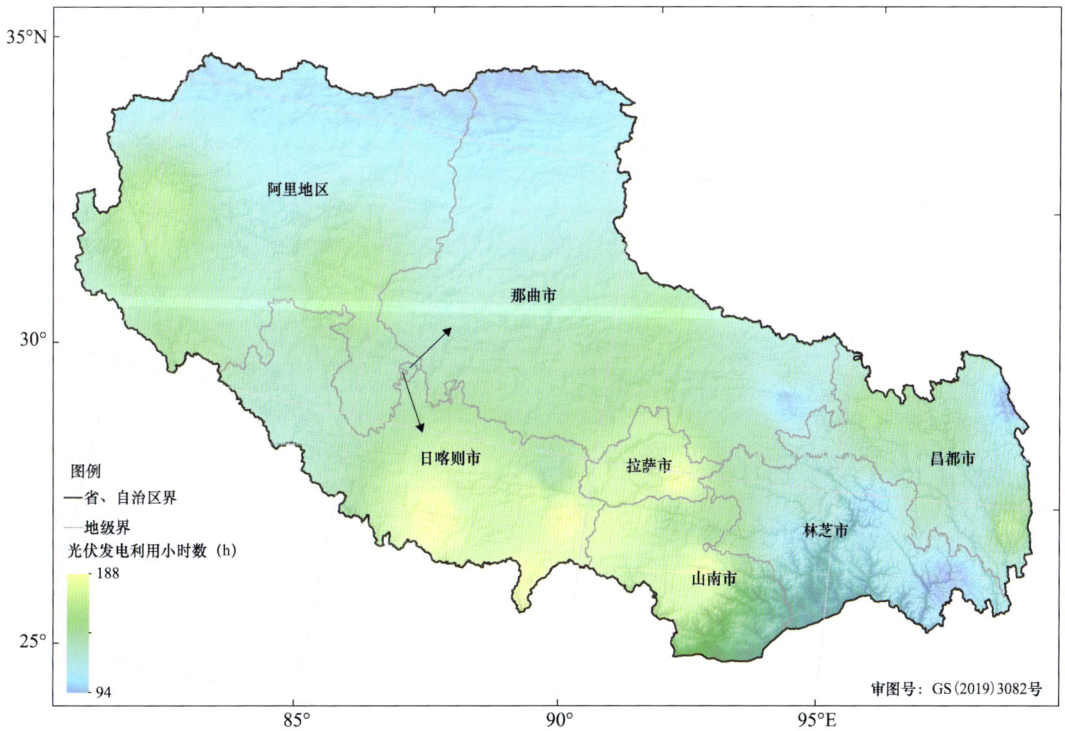

图 6.117　西藏自治区光伏发电 25 年平均 12 月利用小时数空间分布

参考文献

申彦波,张顺谦,郭鹏,等,2014. 四川省太阳能资源气候学计算[J]. 应用气象学报,25(4):493-498.

王炳忠,申彦波,2012. 自然环境条件对太阳能资源计算影响的再思考[J]. 应用气象学报,23(4):505-512.

GUEYMARD C A,1995. SMARTS2,A Simple Model of the Atmospheric Radiative and Transfer of Sunshine:Algorithms and Performance Assessment[M]. Florida:Florida Solar Energy Center.